Inhaltsverzeichnis

Inhaltsverzeichnis

Elektrizitätslehre

Atom- und Kernphysik

Anhang

Physikalische Größen und ihre Einheiten

Eine *physikalische Größe* ist das Produkt aus Maßzahl und Einheit.
Man unterscheidet zwischen *Basisgrößen* und *abgeleiteten Größen*.

Basisgrößen

Größe	Symbol	Einheit	Einheitenzeichen
Elektrische Stromstärke	I	Ampere	A
Kraft	$\vec{F}$; F	Newton	N
Länge	l	Meter	m
Masse	m	Kilogramm	kg
Temperatur	ϑ	Grad Celsius	°C
Absolute Temperatur	T	Kelvin	K
Zeit	t	Sekunde	s

Abgeleitete Größen

Größe	Symbol	Einheit	Einheitenzeichen
Aktivität	A	Becquerel	Bq
Arbeit	W	Newtonmeter Joule Wattsekunde	Nm J Ws
Äquivalentdosis	H	Sievert	Sv
Beschleunigung	$\vec{a}$; a	$\frac{\text{Meter}}{\text{Sekunde}^2}$	$\frac{\text{m}}{\text{s}^2}$
Dichte	ϱ	$\frac{\text{Kilogramm}}{\text{Kubikmeter}}$	$\frac{\text{kg}}{\text{m}^3}$
Drehmoment	$\vec{M}$; M	Newtonmeter	Nm
Druck	p	Pascal	Pa
Elektrische Ladung	Q	Coulomb	C
Elektrische Spannung	U	Volt	V
Elektrischer Widerstand	R	Ohm	Ω
Energiedosis	D	Gray	Gy
Federkonstante	D	$\frac{\text{Newton}}{\text{Meter}}$	$\frac{\text{N}}{\text{m}}$
Fläche	A	Quadratmeter	m^2
Frequenz	f	Hertz	Hz

Abgeleitete Größen

Größe	Symbol	Einheit	Einheitenzeichen
Geschwindigkeit	$\vec{v}$; v	$\frac{\text{Meter}}{\text{Sekunde}}$	$\frac{\text{m}}{\text{s}}$
Längenausdehnungskoeffizient	α	$\frac{1}{\text{Kelvin}}$	$\frac{1}{\text{K}}$
Leistung	P	Watt $\frac{\text{Newtonmeter}}{\text{Sekunde}}$ $\frac{\text{Joule}}{\text{Sekunde}}$	W $\frac{\text{Nm}}{\text{s}}$ $\frac{\text{J}}{\text{s}}$
Spezifische Erstarrungswärme Spezifische Schmelzwärme	q_E q_S	$\frac{\text{Joule}}{\text{Kilogramm}}$	$\frac{\text{J}}{\text{kg}}$
Spezifische Kondensationswärme Spezifische Verdampfungswärme	q_K q_V	$\frac{\text{Joule}}{\text{Kilogramm}}$	$\frac{\text{J}}{\text{kg}}$
Spezifische Wärmekapazität	c	$\frac{\text{Joule}}{\text{Kilogramm} \cdot \text{Kelvin}}$	$\frac{\text{J}}{\text{kg K}}$
Spezifischer Widerstand	ϱ	Ohmmeter	$\Omega\,\text{m}$ $\frac{\Omega \cdot \text{mm}^2}{\text{m}}$
Volumen	V	Kubikmeter	m^3
Volumenausdehnungskoeffizient	γ	$\frac{1}{\text{Kelvin}}$	$\frac{1}{\text{K}}$
Wärmemenge	Q	Joule	J

Vielfache und Teile physikalischer Einheiten

Bei der Bildung dezimaler Vielfacher und Teilen einer physikalischen Einheit sind folgende Vorsätze und Vorsatzzeichen üblich:

Vorsatz	**Vorsatzzeichen**	**Faktor**
Tera	T	10^{12}
Giga	G	10^{9}
Mega	M	10^{6}
Kilo	k	10^{3}
Hekto	h	10^{2}
Deka	da	10^{1}
Dezi	d	10^{-1}
Zenti	c	10^{-2}
Milli	m	10^{-3}
Mikro	μ	10^{-6}
Nano	n	10^{-9}
Piko	p	10^{-12}

Ausgewählte, in der Praxis verwendete Einheiten

Arbeitseinheit:	Kilowattstunde (kWh)	$1\,\text{kWh} = 3{,}6 \cdot 10^{6}\,\text{Ws}$
Energieeinheit:	Elektronenvolt (eV)	$1\,\text{eV} = 1{,}602 \cdot 10^{-19}\,\text{J}$
Flächeneinheit:	Hektar (ha)	$1\,\text{ha} = 10^{4}\,\text{m}^{2}$
Masseneinheit:	Tonne (t)	$1\,\text{t} = 10^{3}\,\text{kg}$
Volumeneinheit:	Liter (l)	$1\,l = 1\,\text{dm}^{3} = 10^{-3}\,\text{m}^{3}$
Zeiteinheiten:	Minute (min) Stunde (h)	$1\,\text{min} = 60\,\text{s}$ $1\,\text{h} = 60\,\text{min} = 36 \cdot 10^{2}\,\text{s}$

Die Basisgröße **Länge**

Größensymbol: l

Einheit: 1 Meter; $[l] = 1\,\text{m}$
Länge des Meterprototyps: Urmeter

Messung: z. B. Meterstab, Schieblehre, Schraubenmikrometer, Messuhr

Die abgeleitete Größe **Fläche**

Größensymbol: A

Einheit: 1 Quadratmeter; $[A] = 1\,\text{m}^2$
Flächen werden im Allgemeinen mit Hilfe mathematischer Formeln berechnet.
Beispiele:

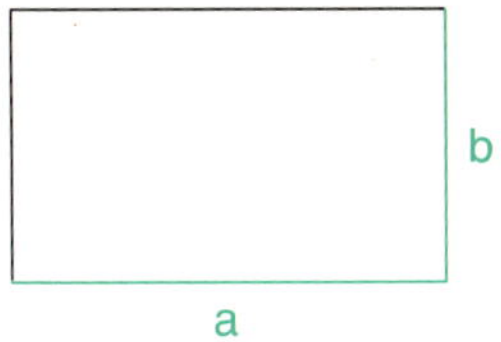

$A = a \cdot b$

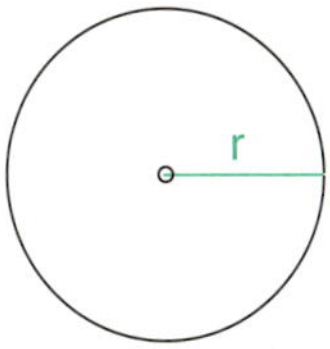

$A = r^2 \cdot \pi; \quad \pi \approx 3{,}14$

Die abgeleitete Größe **Volumen**

Größensymbol: V

Einheit: 1 Kubikmeter; $[V] = 1\,\text{m}^3$

Messung: z. B. Messzylinder, Überlaufgefäß und Messzylinder, Berechnung mit Hilfe mathematischer Formeln.
Beispiele:

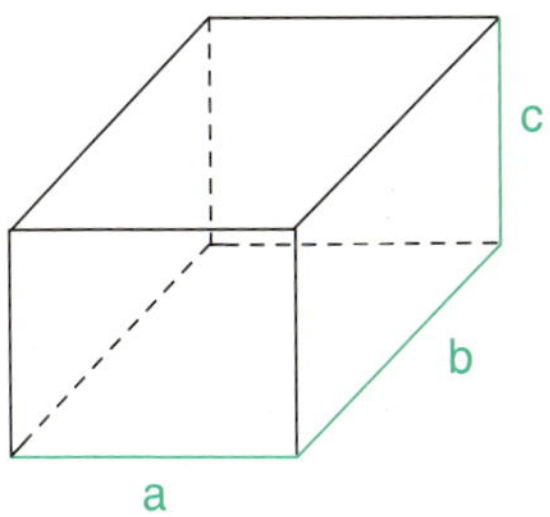

$V = a \cdot b \cdot c$

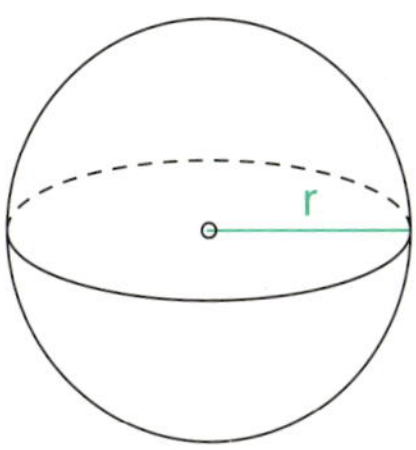

$V = \frac{4}{3} \cdot r^3 \cdot \pi$

M

Die Basisgröße **Masse**

Die *Masse* ist ein Maß für die Schwere und die Trägheit eines Körpers. Die Masse ist eine ortsunabhängige Größe.

Größensymbol: m

Einheit: 1 Kilogramm; $[m] = 1\,\text{kg}$

Masse des Massenprototyps: Urkilogramm

Messung: z. B. Balkenwaage und Wägesatz

Die abgeleitete Größe **Dichte**

Die *Dichte* der Stoffart eines homogenen Körpers ist der Quotient aus der Masse m und dem Volumen V dieses Körpers.

Größensymbol: ϱ

Definitionsgleichung: $\varrho = \frac{m}{V}$

Einheit: $1\,\frac{\text{Kilogramm}}{\text{Kubikmeter}}$; $[\varrho] = 1\,\frac{\text{kg}}{\text{m}^3}$

Beispiele für Dichten gemessen in $\frac{\text{g}}{\text{cm}^3}$:

Festkörper (20 °C)		**Flüssigkeiten (20 °C)**	
Aluminium	2,70	Alkohol	0,79
Blei	11,34	Petroleum	0,85
Eisen	7,86	Quecksilber	13,6
Gold	19,3	Wasser	0,998
Kupfer	8,9		
Platin	21,5	**Gase (0 °C; 1 bar)**	
Silber	10,5	Helium	0,00017
Silicium	2,4	Luft	0,0013
Styropor	0,017	Sauerstoff	0,0014
Titan	4,5	Stadtgas	0,0006

Die Basisgröße **Kraft**

Werden Körper verformt oder (und) wird ihr Bewegungszustand geändert, so greifen Kräfte an ihnen an. *Kraft* ist somit die Ursache für die Verformung oder (und) die Änderung des Bewegungszustandes eines Körpers.

Bestimmungsstücke einer Kraft: Angriffspunkt, Richtung, Betrag

Größensymbol: $\vec{F}$ (Kraft); F (Betrag der Kraft)

Einheit: 1 Newton; $[F] = 1\,\text{N}$

1 N ist der 9,81-te Teil des Betrags der Gewichtskraft des Massenprototyps an einem Normort.

Messung: z. B. Kraftmesser (Federwaage)

Gewichtskraft eines Körpers

Die Gewichtskraft eines Körpers ist die auf ihn wirkende Schwerkraft. Sie wirkt stets zur Mitte eines Planeten. Der Betrag der Gewichtskraft ist ortsabhängig.

Größensymbol: $\vec{F}_G$ (Gewichtskraft)

F_G (Betrag der Gewichtskraft)

Definitionsgleichung: $F_G = m \cdot g$

Dabei sind m die Masse des Körpers und g der Ortsfaktor.

Einheit: 1 Newton; $[F_G] = 1\,\text{N}$

Beispiele für Werte des Ortsfaktors g gemessen in $\frac{\text{N}}{\text{kg}}$:

$g_{\text{Erde (Pol)}}$	=	9,83	$g_{\text{Erde (Äquator)}}$	=	9,78
$g_{\text{Erde (Normorte)}}$	=	9,81	g_{Mond}	=	1,62
g_{Jupiter}	=	23,3	g_{Sonne}	=	274,0

M

Kraft als Vektor

Die Wirkung einer Kraft $\vec{F}$ hängt von ihrem *Angriffspunkt*, ihrer *Richtung* und ihrem *Betrag F* ab. Damit ist die Kraft eine Vektorgröße. Zeichnerisch wird eine Kraft durch einen Pfeil (Kraftpfeil) dargestellt.

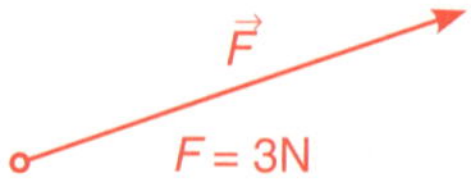

Gleichgewicht von Kräften

Greifen an einem Körper zwei Kräfte $\vec{F}_1$ und $\vec{F}_2$ an, so sind die Kräfte im Gleichgewicht, wenn

1. die Kräfte entgegengesetzt gerichtet sind,
2. die Kräfte die gleichen Beträge haben,
3. die Wirkungslinien der beiden Kräfte auf einer gemeinsamen Geraden liegen.

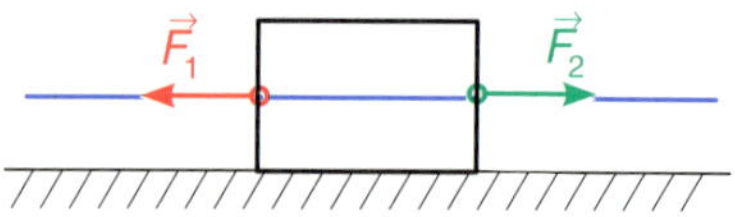

Kraft und Gegenkraft

Übt ein Körper A auf einen Körper B die Kraft $\vec{F}_1$ aus, so übt der Körper B auf den Körper A die Gegenkraft $\vec{F}_2$ aus.
Kraft und Gegenkraft haben gleiche Beträge und entgegengesetzte Richtungen.

Kurz: actio = reactio

(*Wechselwirkungsgesetz von Newton*)

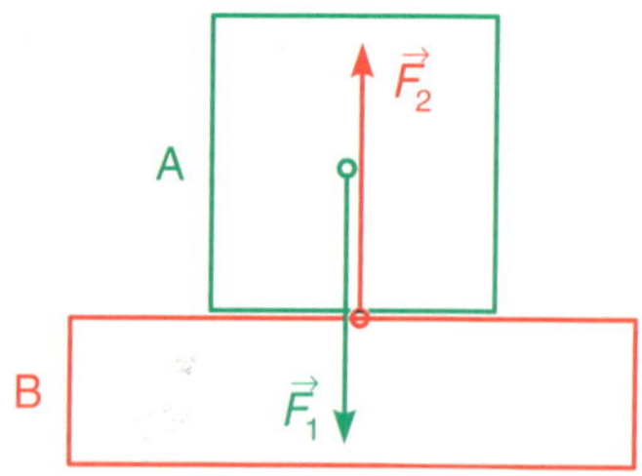

Zusammensetzung und Zerlegung von Kräften

Zwei in einem Punkt angreifende Kräfte $\vec{F}_1$ und $\vec{F}_2$ (*Komponenten*) können durch eine Ersatzkraft $\vec{F}$ (*Resultierende*) ersetzt werden.

$\vec{F}$ ist zeichnerisch durch die Diagonale des Kräfteparallelogramms festgelegt, das von $\vec{F}_1$ und $\vec{F}_2$ aufgespannt wird.

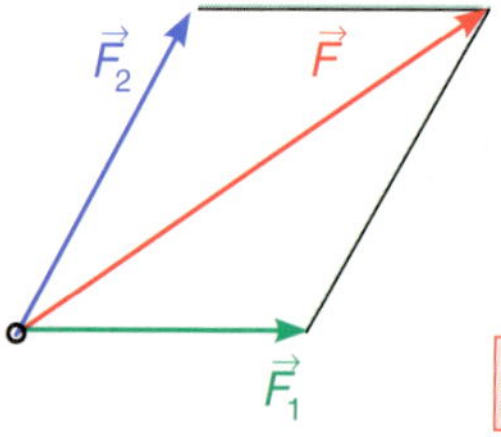

$$\vec{F} = \vec{F}_1 \oplus \vec{F}_2$$

Umgekehrt kann eine Kraft $\vec{F}$ auf beliebig viele Weisen in zwei Teilkräfte $\vec{F}_1$ und $\vec{F}_2$ zerlegt werden. $\vec{F}_1$ und $\vec{F}_2$ findet man zeichnerisch mit Hilfe eines geeigneten Kräfteparallelogramms.

M

Reibungskräfte

Reibungskräfte sind bewegungshemmende Kräfte, die in den gemeinsamen Berührungspunkten zwischen zwei Körpern entstehen.

Je nach ihrer Entstehungsart unterscheidet man folgende Reibungskräfte:

1. *Haftkraft* ($\vec{F}_{Haft}$): Der Körper, der in Bewegung gesetzt werden soll, haftet noch auf seiner Unterlage.
2. *Gleitreibungskraft* ($\vec{F}_{Gleit}$): Der bewegte Körper gleitet auf seiner Unterlage.
3. *Rollreibungskraft* ($\vec{F}_{Roll}$): Der bewegte Körper rollt auf seiner Unterlage.

Für die Beträge dieser Reibungskräfte gilt unter sonst gleichen Bedingungen:

$$F_{Haft} > F_{Gleit} > F_{Roll}$$

Für den Betrag F_{Gleit} der *Gleitreibungskraft* gilt das Reibungsgesetz.

Reibungsgesetz: $F_{Gleit} = \mu \cdot F_N$

Dabei sind μ die Gleitreibungszahl und F_N der Betrag der *Anpresskraft* (*Normalkraft*).

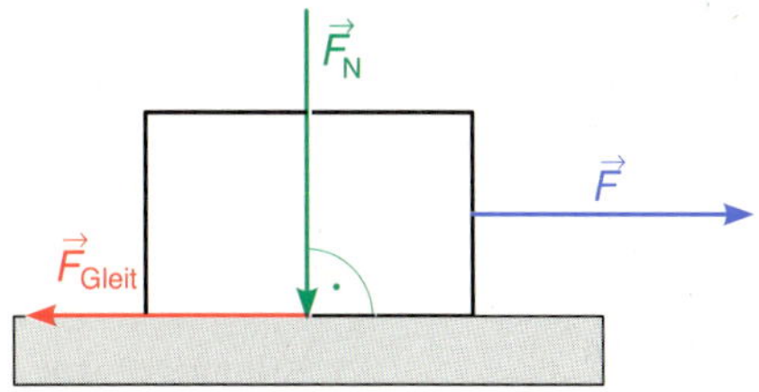

Beispiele für Gleitreibungszahlen μ verschiedener Stoffpaare:

Stoffpaar	μ **(trocken)**	μ **(gefettet)**
Stahl auf Stahl	0,15	0,01
Stahl auf Holz	0,5	0,08
Stahl auf Eis	0,014	–
Holz auf Holz	0,2–0,4	0,08
Holz auf Metall	0,4–0,5	0,1
Bremsbelag auf Stahl	0,5–0,6	0,3–0,5

M

Gleichförmige Bewegung

Eine Bewegung heißt gleichförmig, wenn die Richtung und der Betrag der Geschwindigkeit konstant sind.

Die abgeleitete Größe **Geschwindigkeit**

Bestimmungsstücke: Richtung, Betrag

Größensymbol: $\vec{v}$ (Geschwindigkeit)
v (Betrag der Geschwindigkeit)

Definitionsgleichung: $v = \frac{s}{t}$

Dabei sind s der zurückgelegte Weg und t die dafür benötigte Zeit.

Einheit: $1 \frac{\text{Meter}}{\text{Sekunde}}$; $[v] = 1 \frac{\text{m}}{\text{s}}$

Messung: z. B. Tachometer

Die Basisgröße **Zeit**

Größensymbol: t

Einheit: 1 Sekunde; $[t] = 1\,\text{s}$

Die Einheit 1 Sekunde wurde festgelegt mit Hilfe periodisch ablaufender Vorgänge in einer Atomuhr.

Weitere Einheiten: 1 min = 60 s
1 h = 60 min

Messung: z. B. Uhr

Beispiele für die Beträge von Geschwindigkeiten in $\frac{\text{km}}{\text{s}}$:

Licht- und Radiowellen	300 000	Schallwellen in Luft	0,340
Fluchtgeschwindigkeit Erde	11,2	Fluchtgeschwindigkeit Mond	2,38
Erdsatellit	2,22	Düsenflugzeug	0,85

Beschleunigte Bewegung

Eine Bewegung heißt beschleunigt, wenn sich die Richtung oder (und) der Betrag der Geschwindigkeit unter Einwirkung von Kräften ändern.
Bei einer beschleunigten Bewegung unterscheidet man zwei Arten von Geschwindigkeiten:

1. *Durchschnittsgeschwindigkeit:* $$v = \frac{s}{t}$$

   Dabei sind v der Betrag der Durchschnittsgeschwindigkeit, s der zwischen zwei Bahnpunkten zurückgelegte Weg und t die dafür benötigte Zeit.

2. *Momentangeschwindigkeit:* $$v = \frac{\Delta s}{\Delta t}$$

   Dabei sind v der Betrag der Momentangeschwindigkeit, Δs ein sehr kleines an einem bestimmten Bahnpunkt zurückgelegtes Wegstück und Δt die dafür benötigte Zeit.

Gleichmäßig beschleunigte Bewegung

Eine Bewegung heißt gleichmäßig beschleunigt, wenn sich der Betrag der Geschwindigkeit unter Einwirkung einer konstanten Kraft gleichmäßig ändert.
Für den aus dem Ruhezustand zurückgelegten Weg s und den Betrag v der Momentangeschwindigkeit gilt:

$$s = \frac{1}{2} \cdot a \cdot t^2 \qquad v = a \cdot t$$

Die konstante Größe a heißt Betrag der Beschleunigung.

Die abgeleitete Größe **Beschleunigung**

Bestimmungsstücke: Richtung, Betrag

Größensymbol: $\vec{a}$ (Beschleunigung)
a (Betrag der Beschleunigung)

Definitionsgleichung: $$a = \frac{v}{t} = \text{const.}$$

Einheit: $1 \frac{\text{Meter}}{\text{Sekunde}^2}$; $[a] = 1 \frac{\text{m}}{\text{s}^2}$

M

Der freie Fall

Der *freie Fall* ist eine gleichmäßig beschleunigte Bewegung im leeren Raum (Vakuum). Auf den fallenden Körper wirkt somit nur seine Gewichtskraft ein.

Für den aus dem Ruhezustand zurückgelegten Weg s und den Betrag v der Momentangeschwindigkeit gilt:

$$s = \frac{1}{2} \cdot g \cdot t^2 \qquad v = g \cdot t$$

Die konstante Größe g heißt Betrag der *Fallbeschleunigung* (*Schwerebeschleunigung*).

Für den Betrag g der durch die Anziehungskraft der Erde verursachten Fallbeschleunigung gilt an Normorten:

$$g = 9{,}81 \, \frac{\text{m}}{\text{s}^2}$$

Beispiele für die Beträge von Fallbeschleunigungen in $\frac{\text{m}}{\text{s}^2}$:

$g_{\text{Erde (Pol)}} = 9{,}83$	$g_{\text{Erde (Äquator)}} = 9{,}78$
$g_{\text{Mond}} = 1{,}62$	$g_{\text{Jupiter}} = 23{,}3$

Kraft und Bewegung

Für die auf einen Körper ausgeübte Kraft und die dadurch hervorgerufene Beschleunigung gilt das

Grundgesetz der Dynamik von Newton:

$$F = m \cdot a$$

Dabei sind F der Betrag der Kraft, die auf den Körper beschleunigend wirkt, m die Masse des Körpers und a der Betrag der erzielten Beschleunigung.

Aus $F = m \cdot a$ folgt: $[F] = 1\,\text{kg} \cdot \frac{\text{m}}{\text{s}^2} = 1 \frac{\text{kgm}}{\text{s}^2} = 1\text{N}$

Für den Betrag F_G der Gewichtskraft eines Körpers gilt:

$$F_G = m \cdot g$$

Dabei sind m die Masse des Körpers und g der Betrag der Fallbeschleunigung, den man auch Ortsfaktor nennt.

M

Elastische Verformungen einer Feder

Für die Verformungen einer Feder innerhalb ihres Elastizitätsbereichs (elastische Verformungen) gilt das hookesche Gesetz.

Hookesches Gesetz: $F = D \cdot \Delta l$

Dabei sind F der Betrag der verformenden Kraft, Δl die Längenänderung der Feder und D die Federkonstante.

Die abgeleitete Größe **Federkonstante**

Die Federkonstante dient als Maß für die Härte einer Feder.

Größensymbol: D

Definitionsgleichung: $D = \frac{F}{\Delta l}$

Einheit: $1 \frac{\text{Newton}}{\text{Meter}}$; $[D] = 1 \frac{\text{N}}{\text{m}}$

Schwingungen

Wenn ein Körper unter der Einwirkung einer Kraft aus seiner Mittellage ausgelenkt wird und infolge einer rücktreibenden Kraft den gleichen Bewegungsablauf ständig wiederholt, so sagt man, der Körper führt Schwingungen aus.

Zur Beschreibung von Schwingungen verwendet man die folgenden Bezeichnungen und Symbole.

z. B. Schwingungen eines Federpendels

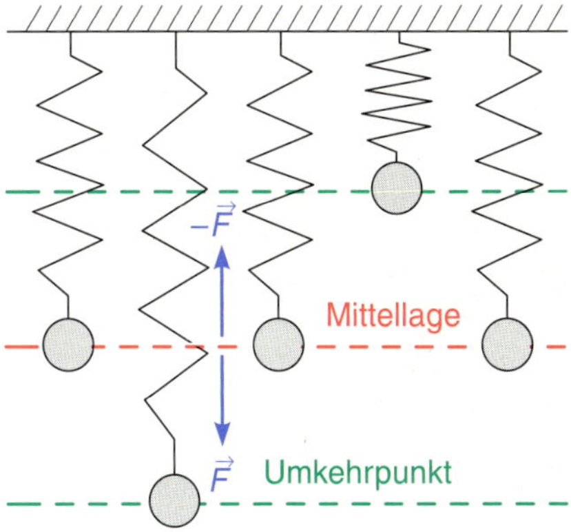

1. *Amplitude*: Größte Auslenkung des schwingenden Körpers aus der Mittellage.
2. *Schwingung (Periode)*: Ein vollständiger Hin- und Hergang des schwingenden Körpers.
3. *Schwingungsdauer T*: Zeit einer Schwingung (Periode)
4. *Frequenz f*: Anzahl der Perioden pro Sekunde

   $[f] = 1 \frac{1}{\text{s}} = 1\,\text{Hz}$ (1 Hertz)

   Es gilt: $f = \frac{1}{T}$

M

Hebel

Unter einem *Hebel* versteht man jeden starren, um eine feste Achse drehbaren Körper.
Am Hebel herrscht Gleichgewicht, wenn gilt:

$$F_1 \cdot a_1 = F_2 \cdot a_2$$

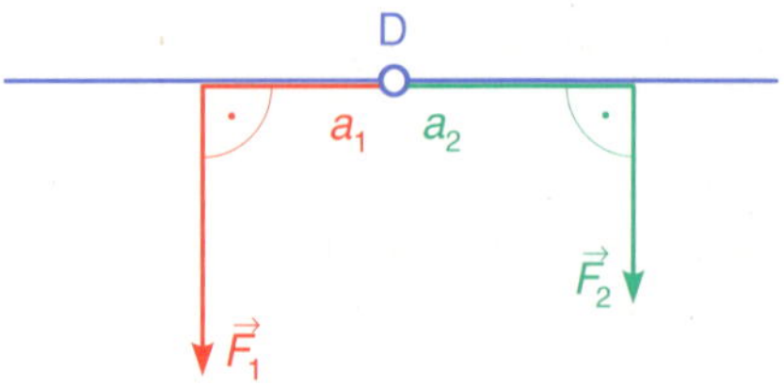

Diese Gleichgewichtsbedingung heißt *Hebelgesetz*.

Dabei sind a_1 und a_2 die Abstände der Drehachse D von den Wirkungslinien der Kräfte $\vec{F}_1$ bzw. $\vec{F}_2$ und heißen *Hebelarme* (*Kraftarme*) der Kräfte $\vec{F}_1$ bzw. $\vec{F}_2$.

Die Produkte $F_1 \cdot a_1$ und $F_2 \cdot a_2$ heißen Betrag M_1 des Drehmomentes der Kraft $\vec{F}_1$ (Betrag M_l des linksdrehenden Drehmomentes; ↺) bzw. Betrag M_2 des Drehmomentes der Kraft $\vec{F}_2$ (Betrag M_r des rechtsdrehenden Drehmomentes; ↻).

Greifen gleichzeitig mehr als zwei Kräfte an einem Hebel an, so kann an ihm ebenfalls Gleichgewicht hergestellt werden.
Es gilt das *allgemeine Hebelgesetz*:

Am Hebel herrscht Gleichgewicht, wenn die Summe der Beträge der linksdrehenden Drehmomente gleich ist der Summe der Beträge der rechtsdrehenden Drehmomente.

Die abgeleitete Größe **Drehmoment**

Bestimmungsstücke: Richtung, Betrag

Größensymbol: $\vec{M}$ (Drehmoment)
M (Betrag des Drehmomentes)

Definitionsgleichung: $M = F \cdot a$

Einheit: 1 Newtonmeter; $[M] = 1\,\mathrm{Nm}$

Feste Rolle

Gleichgewichtsbedingung:

$$F_2 = F_1$$

Mit einer festen Rolle kann der Angriffspunkt einer Kraft verlagert und gleichzeitig die Richtung der Kraft geändert werden.

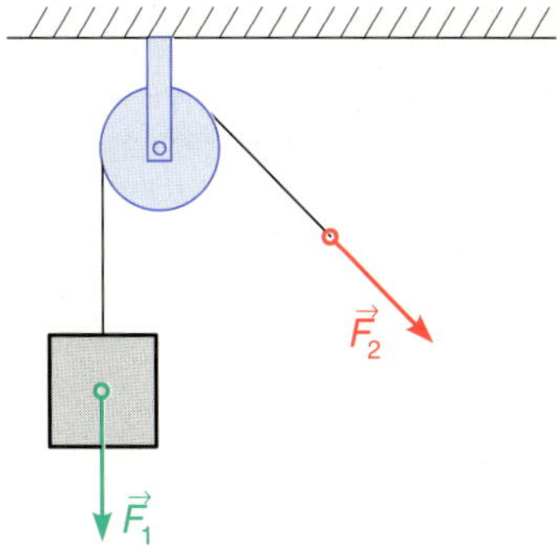

Lose Rolle

Gleichgewichtsbedingung:

$$F_2 = \frac{1}{2} \cdot F_1$$

Mit einer losen Rolle kann der Angriffspunkt einer Kraft verlagert und der Betrag der Kraft verkleinert werden.
Die »Kraftersparnis« wird jedoch durch Verlängerung des Weges »erkauft« (*Goldene Regel der Mechanik*):

$$s_2 = 2 \cdot s_1$$

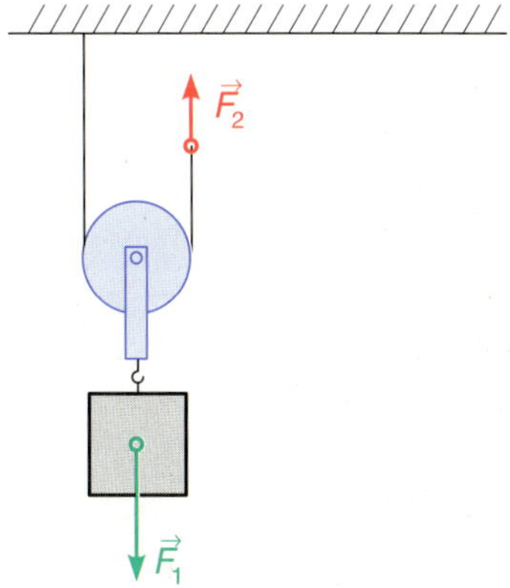

Flaschenzug

Gleichgewichtsbedingung
bei n tragenden Seilen (n Rollen):

$$F_2 = \frac{1}{n} \cdot F_1$$

Mit einem Flaschenzug kann der Angriffspunkt einer Kraft verlagert, ihre Richtung geändert und ihr Betrag verkleinert werden.
Die »Kraftersparnis« wird jedoch durch Verlängerung des Weges »erkauft«:

$$s_2 = n \cdot s_1$$

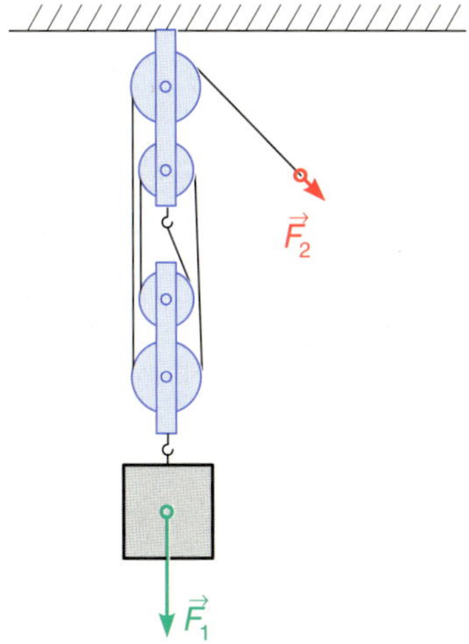

M

Schiefe Ebene

Die Gewichtskraft $\vec{F}_G$ eines Körpers auf einer *schiefen Ebene* läßt sich in zwei Teilkräfte zerlegen:

1. in die *Hangabtriebskraft* $\vec{F}_H$, die parallel zur schiefen Ebene hangabwärts wirkt und
2. in die *Normalkraft* $\vec{F}_N$, die senkrecht zur schiefen Ebene wirkt.

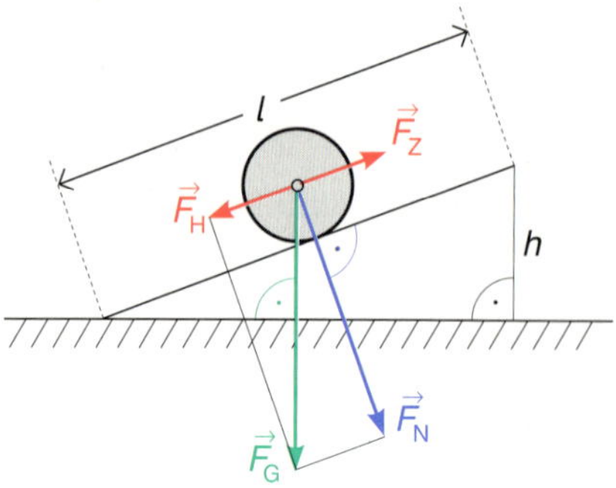

Gleichgewichtsbedingung:

$$F_Z = F_H = \frac{h}{l} \cdot F_G$$

Dabei sind F_Z der Betrag der Zugkraft, F_H der Betrag der Hangabtriebskraft, F_G der Betrag der Gewichtskraft, l die Länge und h die zugehörige Höhe der schiefen Ebene.
Mit einer schiefen Ebene kann die Richtung einer Kraft geändert und ihr Betrag verkleinert werden ($F_Z < F_G$).

Schwerpunkt und Gleichgewichtsarten

Der *Schwerpunkt* eines Körpers ist der Punkt, in dem man sich die Gewichtskraft des Körpers angreifend denken kann. Je nach der Lage und den Bewegungsmöglichkeiten des Schwerpunktes S eines Körpers unterscheidet man drei Gleichgewichtsarten:

1. *Stabiles Gleichgewicht*

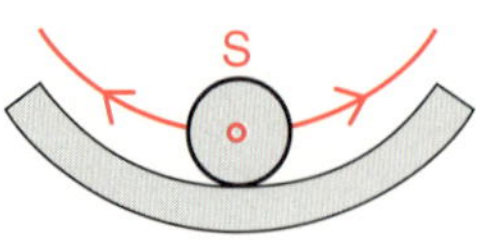

S hat seine tiefste Lage und kann sich nur nach oben bewegen.

2. *Labiles Gleichgewicht*

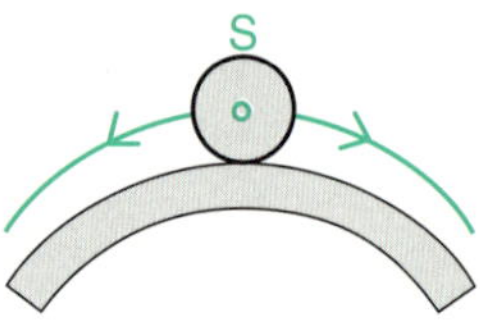

S hat seine höchste Lage und kann sich nur nach unten bewegen.

3. *Indifferentes Gleichgewicht*

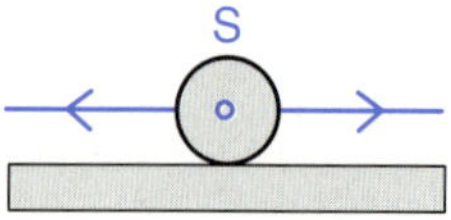

S ändert seine Höhenlage nicht. Der Körper bleibt in jeder Stellung in Ruhe.

Die abgeleitete Größe **Arbeit**

Wirkt an einem Körper eine Kraft längs eines Weges, so wird *Arbeit* zugeführt bzw. abgegeben.

Größensymbol: W

Definitionsgleichung:

$$W = F \cdot s$$

Dabei sind F (F = const.) der Betrag der in Wegrichtung wirkenden Kraft und s der zurückgelegte Weg.

Einheit: 1 Newtonmeter = 1 Joule = 1 Wattsekunde

$[W] = 1\ \text{Nm} = 1\ \text{J} = 1\ \text{Ws}$

Beispiele für Formen der mechanischen Arbeit

1. *Hubarbeit:* $$W = F_G \cdot h = m \cdot g \cdot h$$
2. *Beschleunigungsarbeit:* $$W = \frac{1}{2} \cdot m \cdot v^2$$
3. *Spannarbeit* einer elastischen Feder: $$W = \frac{1}{2} \cdot D \cdot \Delta l^2$$
4. *Gleitreibungsarbeit:* $$W = F_{Gleit} \cdot s = \mu \cdot F_N \cdot s$$

Dabei sind

W die zugeführte bzw. abgegebene Arbeit,
F_G der Betrag der Gewichtskraft des angehobenen Körpers,
h die Hubhöhe,
m die Masse des angehobenen bzw. des bewegten Körpers,
g der Betrag der Schwerebeschleunigung,
v der Betrag der Geschwindigkeit des bewegten Körpers,
D die Federkonstante der Feder,
Δl die Längenänderung der Feder,
F_{Gleit} der Betrag der Gleitreibungskraft,
s der vom gleitenden Körper zurückgelegte Weg,
μ die Gleitreibungszahl und
F_N der Betrag der Normalkraft des gleitenden Körpers.

M

Die abgeleitete Größe **Energie**

Energie ist das Vermögen eines Körpers, Arbeit abzugeben.

Größensymbol: W

Einheit: 1 Newtonmeter = 1 Joule = 1 Wattsekunde

$[W] = 1\ \mathrm{Nm} = 1\ \mathrm{J} = 1\ \mathrm{Ws}$

Beispiele für Formen der mechanischen Energie

1. *Potenzielle Energie (Lageenergie)*: $W_p = F_G \cdot h = m \cdot g \cdot h$

2. *Kinetische Energie (Bewegungsenergie)*: $W_k = \frac{1}{2} \cdot m \cdot v^2$

Dabei sind

W_p die potenzielle Energie,
F_G der Betrag der Gewichtskraft des angehobenen Körpers,
h die Hubhöhe,
m die Masse des angehobenen bzw. des bewegten Körpers,
g der Betrag der Schwerebeschleunigung,
W_k die kinetische Energie und
v der Betrag der Geschwindigkeit des bewegten Körpers.

Für die Umwandlung der mechanischen Energieformen potenzielle Energie und kinetische Energie gilt der

Energieerhaltungssatz der Mechanik:

Werden bei mechanischen Vorgängen nur potenzielle und kinetische Energie ineinander umgewandelt, so bleibt die Summe aus potenzieller und kinetischer Energie konstant.

Dieser Energieerhaltungssatz der Mechanik lässt sich verallgemeinern.

Allgemeiner Energieerhaltungssatz:

In einem abgeschlossenen System (d. h. ohne Energieübetragung von oder zu anderen Systemen) bleibt bei allen Vorgängen die Energiesumme konstant.

Die abgeleitete Größe **Leistung**

Größensymbol: P

Definitionsgleichung: $P = \frac{W}{t}$

Dabei sind W die zugeführte oder abgegebene Arbeit und t die dafür benötigte Zeit.

Einheit: $1 \frac{\text{Newtonmeter}}{\text{Sekunde}} = 1 \frac{\text{Joule}}{\text{Sekunde}} = 1 \text{ Watt}$

$$[P] = 1 \frac{\text{Nm}}{\text{s}} = 1 \frac{\text{J}}{\text{s}} = 1 \text{ W}$$

Wirkungsgrad

Unter dem Wirkungsgrad versteht man den Quotienten aus der abgegebenen Arbeit und der zugeführten Arbeit bzw. aus der abgegebenen Leistung und der zugeführten Leistung.

Es gilt: $\eta = \frac{W_{ab}}{W_{zu}}$ bzw. $\eta = \frac{P_{ab}}{P_{zu}}$

Dabei sind

η der Wirkungsgrad,
W_{ab} die abgegebene Arbeit,
W_{zu} die zugeführte Arbeit,
P_{ab} die abgegebene Leistung und
P_{zu} die zugeführte Leistung.

Da stets $W_{ab} < W_{zu}$ bzw. $P_{ab} < P_{zu}$, gilt: $\eta < 1$ bzw. $\eta < 100\%$

Beispiele für Wirkungsgrade:

Ottomotor	bis 35%	Dieselmotor	bis 40%
Elektromotor	bis 95%	Wasserturbine	bis 95%
Dampfturbine	bis 40%	Gasturbine	bis 35%
Generator	bis 98%	Transformator	bis 99%
Glühlampe	bis 5%	Leuchtstoffröhre	bis 20%

M

Die abgeleitete Größe **Stempeldruck**

Wirkt eine Kraft auf eine bewegliche Stempelfläche, die eine Flüssigkeit oder ein Gas in einem Gefäß abschließt, so wird in der Flüssigkeit bzw. in dem Gas ein *Stempeldruck* erzeugt, der sich allseitig und gleichmäßig ausbreitet.

Größensymbol: p

Definitionsgleichung:

$$p = \frac{F_N}{A}$$

Dabei sind F_N der Betrag der Kraft, die senkrecht auf die Stempelfläche wirkt und A der Flächeninhalt der Stempelfläche.

Einheit:

$$1\,\frac{\text{Newton}}{\text{Quadratmeter}} = 1\,\text{Pascal}$$

$$[p] = 1\,\frac{\text{N}}{\text{m}^2} = 1\,\text{Pa}$$

Eine weitere Druckeinheit ist 1 Bar (1 bar):

$1\,\text{bar} = 10^5\,\text{Pa}$

Messung: Manometer

Von der allseitigen und gleichmäßigen Ausbreitung des Stempeldruckes in Flüssigkeiten macht man Gebrauch bei *hydraulischen Kraftwandlern.*

Beispiel: Die hydraulische Presse

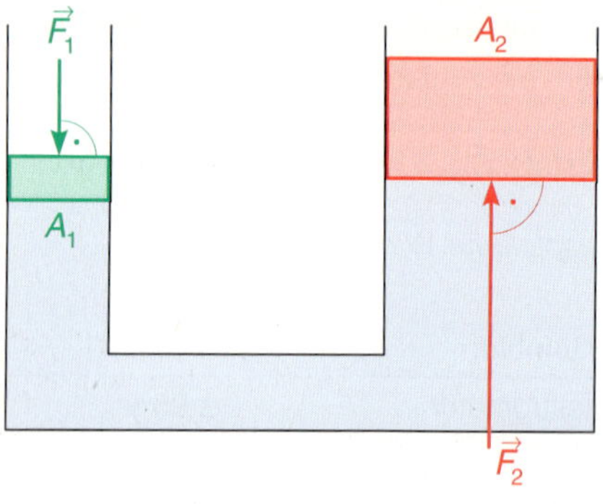

Druck im Druckkolben: $p_1 = \frac{F_1}{A_1}$

Druck im Arbeitskolben: $p_2 = \frac{F_2}{A_2}$

Aus $p_1 = p_2$ folgt:

$$\frac{F_1}{A_1} = \frac{F_2}{A_2}$$

$$F_2 = \frac{A_2}{A_1} \cdot F_1$$

Da $A_2 > A_1$, gilt: $F_2 > F_1$. Die »Kraftersparnis« wird jedoch durch Verlängerung des Weges »erkauft«.

Die abgeleitete Größe **Schweredruck in Flüssigkeiten**

Unter dem *Schweredruck* in einer ruhenden Flüssigkeit versteht man den Druck, der durch die Gewichtskraft der über einer waagrecht liegenden Fläche befindlichen Flüssigkeitssäule erzeugt wird.

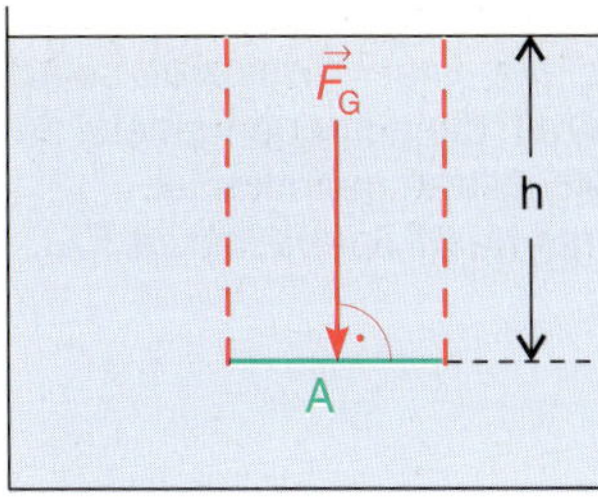

Größensymbol: p

Definitionsgleichung: $p = \varrho \cdot g \cdot h$

Dabei sind ϱ die Dichte der Flüssigkeit, g der Betrag der Schwerebeschleunigung und h die Höhe der Flüssigkeitssäule.

Einheit: $1 \frac{\text{Newton}}{\text{Quadratmeter}} = 1\,\text{Pascal}$

$[p] = 1 \frac{\text{N}}{\text{m}^2} = 1\,\text{Pa}$

Messung: z. B. Druckdose, Tauchsonde und Manometer

Luftdruck

Unter dem *Luftdruck* versteht man den Druck, der durch die Gewichtskraft der über der Erdoberfläche liegenden Luft erzeugt wird (*Schweredruck der Luft*).

Größensymbol: p

Einheit: 1 Hektopascal; $[p] = 1\,\text{hPa}$; $1\,\text{hPa} = 100\,\text{Pa}$

Messung: z. B. Barometer

Der Luftdruck ist abhängig von der Höhenlage des Messortes und von der Wetterlage.

Der durchschnittliche Luftdruck an einem Messort in Meereshöhe heißt *Normaldruck*.

Der Normaldruck beträgt 1013 hPa.

Auftriebskraft in Flüssigkeiten

Befindet sich ein Körper teilweise oder vollständig in einer Flüssigkeit, so erfährt er eine Kraft, die entgegengesetzt zu seiner Gewichtskraft gerichtet ist.
Diese Kraft heißt *Auftriebskraft* $\vec{F}_A$.

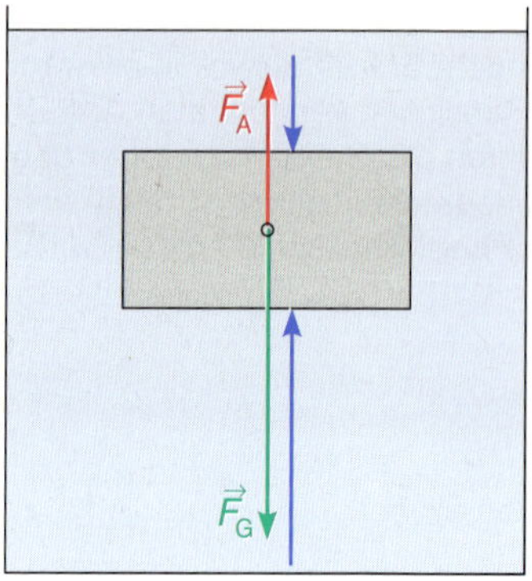

Für den Betrag der Auftriebskraft gilt das

Archimedische Gesetz:

> Der Betrag der Auftriebskraft ist gleich dem Betrag der Gewichtskraft der vom Körper verdrängten Flüssigkeit.
>
> $$F_A = F_{Gv.Fl.} = \varrho_{Fl.} \cdot g \cdot V_{v.Fl.}$$

Dabei sind

F_A	der Betrag der Auftriebskraft,
$F_{Gv.Fl.}$	der Betrag der Gewichtskraft der verdrängten Flüssigkeit,
$\varrho_{Fl.}$	die Dichte der Flüssigkeit,
g	der Betrag der Schwerebeschleunigung und
$V_{v.Fl.}$	das Volumen der verdrängten Flüssigkeit.

Vergleicht man den Betrag F_A der Auftriebskraft eines in eine Flüssigkeit vollständig eingetauchten Körpers mit dem Betrag F_G seiner Gewichtskraft, so lassen sich drei Fälle unterscheiden.

1. $F_A < F_G$: Der Körper sinkt.
2. $F_A = F_G$: Der Körper schwebt.
3. $F_A > F_G$: Der Körper steigt nach oben und ragt so weit aus der Flüssigkeit heraus, bis gilt:

   $$F_{A\,oben} = F_G.$$

   Der Körper schwimmt.

Die Basisgröße **Temperatur**

Die *Temperatur* ist ein Maß für die mittlere Bewegungsenergie der ungeordneten Bewegung aller Teilchen eines Körpers.

Größensymbol: ϑ (Celsius-Temperatur)
T (Kelvin-Temperatur; absolute Temperatur)

Einheit: 1 Grad Celsius; $[\vartheta] = 1\,^\circ\mathrm{C}$
1 °C ist der hundertste Teil des Fundamentalabstandes (Abstand Eispunkt – Siedepunkt des Wassers bei Normaldruck)
1 Kelvin; $[T] = 1\,\mathrm{K}$

Messung: Thermometer

Für die Umrechnung der Celsius-Temperatur in die absolute Temperatur gilt die folgende Beziehung:

$$T = 273\,\mathrm{K} + \vartheta \cdot \frac{\mathrm{K}}{^\circ\mathrm{C}}$$

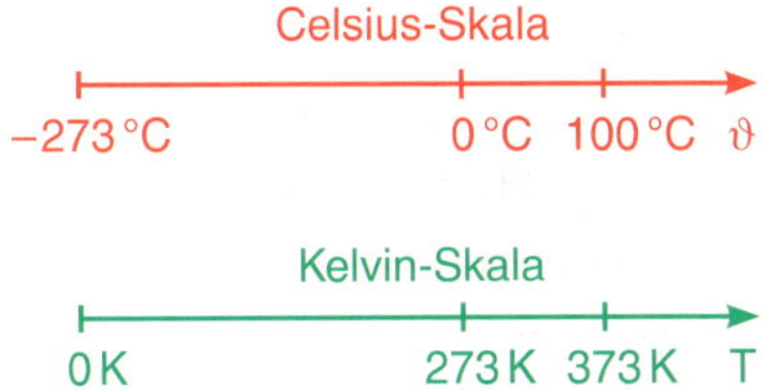

Die tiefste Temperatur $T = 0\,\mathrm{K}$ bzw. $\vartheta = -273\,^\circ\mathrm{C}$ (genauer: $\vartheta = -273{,}15\,^\circ\mathrm{C}$) heißt *absoluter Nullpunkt.* Die vom absoluten Nullpunkt aus in der Einheit Kelvin gemessene Temperatur heißt *absolute Temperatur.*

Erhöht oder erniedrigt sich die Temperatur eines Körpers, so sagt man, der Körper erfährt eine **Temperaturänderung**.

Größensymbol: $\Delta\vartheta$; ΔT

Dabei gilt: $\Delta\vartheta = \Delta T$

Einheit: 1 Grad Celsius oder 1 Kelvin
$[\Delta\vartheta] = [\Delta T] = 1\,^\circ\mathrm{C}$ bzw. $1\,\mathrm{K}$

Längenausdehnung von Festkörpern

Längenänderung: $\Delta l = \alpha \cdot l_0 \cdot \Delta\vartheta$

Endlänge: $l_\vartheta = l_0 \cdot (1 + \alpha \cdot \Delta\vartheta)$

Dabei sind

Δl die Längenänderung,
α der Längenausdehnungskoeffizient,
l_0 die Länge bei 0°C,
$\Delta\vartheta$ die Temperaturänderung und
l_ϑ die Länge bei der Temperatur ϑ.

W

Die abgeleitete Größe **Längenausdehnungskoeffizient**

Größensymbol: α

Definitionsgleichung: $\alpha = \frac{\Delta l}{l_0 \cdot \Delta\vartheta}$

Einheit: $\frac{1}{\text{Kelvin}}$; $[\alpha] = \frac{1}{\text{K}}$

Beispiele für Längenausdehnungskoeffizienten:

Stoff	Längenausdehnungskoeffizient α in $\frac{1}{\text{K}}$
Aluminium	$0{,}000024 = 24 \cdot 10^{-6}$
Beton	$0{,}000012 = 12 \cdot 10^{-6}$
Blei	$0{,}000028 = 28 \cdot 10^{-6}$
Eisen	$0{,}000012 = 12 \cdot 10^{-6}$
Glas	$0{,}000009 = 9 \cdot 10^{-6}$
Kupfer	$0{,}000017 = 17 \cdot 10^{-6}$
Porzellan	$0{,}000003 = 3 \cdot 10^{-6}$
Wolfram	$0{,}000005 = 5 \cdot 10^{-6}$

Volumenausdehnung von Festkörpern und Flüssigkeiten

Volumenänderung: $\Delta V = \gamma \cdot V_0 \cdot \Delta\vartheta$

Endvolumen: $V_\vartheta = V_0 \cdot (1 + \gamma \cdot \Delta\vartheta)$

Dabei sind

ΔV die Volumenänderung,
γ der Volumenausdehnungskoeffizient,
V_0 das Volumen bei der Temperatur 0 °C,
$\Delta\vartheta$ die Temperaturänderung und
V_ϑ das Volumen bei der Temperatur ϑ.

Die abgeleitete Größe **Volumenausdehnungskoeffizient**

Größensymbol: γ

Definitionsgleichung: $\gamma = \dfrac{\Delta V}{V_0 \cdot \Delta\vartheta}$

Einheit: $\dfrac{1}{\text{Kelvin}}$; $[\gamma] = \dfrac{1}{\text{K}}$

Für *Festkörper* gilt: $\gamma \approx 3 \cdot \alpha$

Beispiele für Volumenausdehnungskoeffizienten von Flüssigkeiten:

Stoff	Volumenausdehnungskoeffizient γ in $\frac{1}{\text{K}}$
Alkohol	$0{,}00110 = 11{,}0 \cdot 10^{-4}$
Benzin	$0{,}00100 = 10{,}0 \cdot 10^{-4}$
Glycerin	$0{,}00050 = 5{,}0 \cdot 10^{-4}$
Petroleum	$0{,}00092 = 9{,}2 \cdot 10^{-4}$
Quecksilber	$0{,}00018 = 1{,}8 \cdot 10^{-4}$
Wasser	$0{,}00018 = 1{,}8 \cdot 10^{-4}$

Volumenausdehnung von Gasen bei konstantem Druck

Ändert sich die Temperatur eines abgeschlossenen Gases und wird dabei der Druck des Gases konstant gehalten, so ändert sich das Gasvolumen.

Volumenänderung: $\Delta V = \gamma \cdot V_0 \cdot \Delta\vartheta$

Endvolumen: $V_\vartheta = V_0 \cdot (1 + \gamma \cdot \Delta\vartheta)$

Gesetz von Gay-Lussac

Dabei sind

ΔV die Volumenänderung,
γ der Volumenausdehnungskoeffizient,
V_0 das Volumen bei 0°C,
$\Delta\vartheta$ die Temperaturänderung und
V_ϑ das Volumen bei der Temperatur ϑ.

Der *Volumenausdehnungskoeffizient* γ ist bei konstantem Druck für alle Gase gleich groß.

Es gilt: $\gamma = \frac{1}{273}\,\frac{1}{\mathrm{K}}$

Bei Verwendung der absoluten Temperatur T lässt sich das *Gesetz von Gay-Lussac* in einer vereinfachten Form darstellen:

$$\frac{V_1}{T_1} = \frac{V_2}{T_2} = \cdots = \frac{V_n}{T_n} \quad \text{bzw.} \quad \frac{V}{T} = \text{konstant}$$

Dabei sind

V_n bzw. V das jeweilige Gasvolumen und
T_n bzw. T die zugehörige absolute Temperatur des Gases.

Allgemeine Gasgleichung

Der Zustand eines abgeschlossenen Gases ist nur dann eindeutig bestimmt, wenn das Volumen, der Druck und die Temperatur des Gases bekannt sind (*Zustandsgrößen des Gases*).

Zwischen den Zustandsgrößen eines abgeschlossenen Gases besteht ein Zusammenhang, den man *allgemeine Zustandsgleichung* oder *allgemeine Gasgleichung* nennt.

Allgemeine Gasgleichung: $\frac{p \cdot V}{T} = \text{konstant}$

Dabei sind

p der Druck,
V das Volumen und
T die absolute Temperatur des abgeschlossenen Gases.

Sonderfälle der allgemeinen Gasgleichung

1. Die Temperatur des Gases bleibt konstant (*isotherme* Zustandsänderung)

   $p \cdot V = \text{konstant}$ **Gesetz von Boyle-Mariotte**

2. Der Druck des Gases bleibt konstant (*isobare* Zustandsänderung)

   $\frac{V}{T} = \text{konstant}$ **Gesetz von Gay-Lussac**

3. Das Volumen des Gases bleibt konstant (*isochore* Zustandsänderung)

   $\frac{p}{T} = \text{konstant}$ **Gesetz von Amontons**

W

Wärme

Wärme ist eine Form von Energie. Sie wird von einem Körper mit höherer Temperatur auf einen Körper mit niedrigerer Temperatur übertragen.

Erwärmungsgesetz

Für die Erhöhung oder die Absenkung der Temperatur eines Körpers bei gleich bleibendem Aggregatzustand gilt das

Erwärmungsgesetz: $Q = c \cdot m \cdot \Delta\vartheta$

Dabei sind

Q die zugeführte oder abgegebene *Wärme* (*Wärmemenge*),

c die *spezifische Wärmekapazität* des Körperstoffes,

m die Masse des Körpers und

$\Delta\vartheta$ die Temperaturänderung.

Die abgeleitete Größe **spezifische Wärmekapazität**

Größensymbol: c

Definitionsgleichung: $c = \frac{Q}{m \cdot \Delta\vartheta}$

c gibt an, welche Wärmemenge erforderlich ist, um 1 kg des betreffenden Stoffes um 1 K zu erwärmen.

Einheit: $1 \frac{\text{Joule}}{\text{Kilogramm} \cdot \text{Kelvin}}$; $[c] = 1 \frac{\text{J}}{\text{kgK}}$

Beispiele für spezifische Wärmekapazitäten in $\frac{\text{kJ}}{\text{kgK}}$ bei 20 °C:

Festkörper		**Flüssigkeiten**	
Aluminium	0,90	Alkohol	2,47
Beton	0,84	Benzin	2,09
Blei	0,13	Quecksilber	0,14
Eisen	0,45	Wasser	4,19
Kupfer	0,38	**Gase (1013 hPa)**	
Porzellan	0,84	Luft	1,00
Silber	0,23	Sauerstoff	0,92
Zinn	0,23	Wasserdampf	1,85
Wolfram	0,13	Wasserstoff	14,32

Wärmetransport

Unter *Wärmetransport* versteht man jeden Vorgang, bei dem Wärme von einem Ort des Raumes mit höherer Temperatur zu einem anderen mit niedrigerer Temperatur übertragen wird.

Es lassen sich drei Arten des Wärmetransportes unterscheiden.

1. **Wärmeleitung**

   Unter *Wärmeleitung* versteht man den Transport der Wärme zwischen den unmittelbar benachbarten Teilchen in Festkörpern oder ruhenden Flüssigkeiten und Gasen. Dabei wird von den Teilchen mit größerer Bewegungsenergie durch Stöße an Teilchen mit kleinerer Bewegungsenergie Arbeit abgegeben.

2. **Konvektion (Wärmeströmung)**

   Unter *Konvektion* versteht man den Transport der Wärme durch strömende Flüssigkeiten oder Gase. Die Ursache der Strömung sind temperaturbedingte Dichteunterschiede.

3. **Temperaturstrahlung (Infrarotstrahlung)**

   Unter *Temperaturstrahlung* versteht man den Transport der Wärme von einem Körper auf einen anderen Körper, der ohne unmittelbare Berührung und ohne Zwischenträger erfolgt.
   Bei der Temperaturstrahlung sind *elektromagnetische Wellen* Träger der Energie. Die Abgabe der Wärme durch Temperaturstrahlung heißt *Emission*, die Aufnahme der Wärme durch Temperaturstrahlung heißt *Absorption*.

Temperaturausgleich

Haben Körper mit verschiedenen Temperaturen die Möglichkeit, ihre Temperaturdifferenz durch Wärmetransport auszugleichen, so übertragen die Körper mit höheren Temperaturen so lange Wärme auf die Körper mit niedrigeren Temperaturen, bis sich eine gemeinsame *Mischungstemperatur* ϑ_M eingestellt hat.

Dabei gilt nach dem Energieerhaltungssatz:

$$Q_{ab} = Q_{auf}$$

Aggregatzustände

Die Zustandsformen fest, flüssig und gasförmig, in denen ein Stoff vorliegen kann, nennt man *Aggregatzustände* des Stoffes. Es sind folgende Änderungen des Aggregatzustandes möglich:

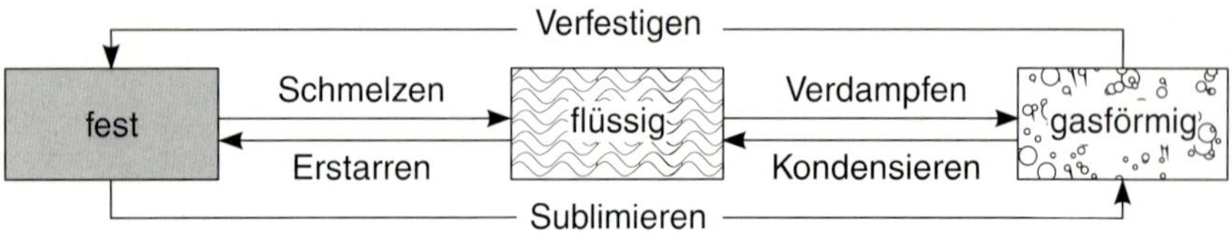

W

Schmelzen

Schmelzen: Übergang aus dem festen in den flüssigen Aggregatzustand. Es findet im Allgemeinen eine Volumenvergrößerung statt.

Schmelztemperatur ϑ_S: Temperatur, bei der der jeweilige Stoff aus dem festen in den flüssigen Aggregatzustand übergeht. ϑ_S ist druckabhängig und steigt im Allgemeinen mit zunehmendem Druck.

Schmelzwärme Q_S: Wärmemenge, die dem jeweiligen Festkörper bei gleich bleibender Schmelztemperatur zugeführt werden muss, damit er in den flüssigen Aggregatzustand übergeht.

$$Q_S = q_S \cdot m$$

Dabei sind q_S die *spezifische Schmelzwärme* des festen Stoffes und m die Masse des schmelzenden Körpers.

Die abgeleitete Größe **spezifische Schmelzwärme**

Größensymbol: q_S

Definitionsgleichung:

$$q_S = \frac{Q_s}{m}$$

q_S gibt an, welche Wärmemenge erforderlich ist, um 1 kg eines Stoffes bei der Schmelztemperatur aus dem festen in den flüssigen Aggregatzustand überzuführen.

Einheit: $1\,\frac{\text{Joule}}{\text{Kilogramm}}$; $[q_S] = 1\,\frac{\text{J}}{\text{kg}}$

Erstarren

Erstarren: Übergang aus dem flüssigen in den festen Aggregatzustand. Es findet im Allgemeinen eine Volumenverkleinerung statt.

Erstarrungstemperatur ϑ_E: Temperatur, bei der der jeweilige Stoff aus dem flüssigen in den festen Aggregatzustand übergeht. ϑ_E ist druckabhängig und steigt im Allgemeinen mit zunehmendem Druck.

Erstarrungswärme Q_E: Wärmemenge, die der jeweiligen Flüssigkeit bei gleich bleibender Erstarrungstemperatur entzogen werden muss, damit sie in den festen Aggregatzustand übergeht.

$$Q_E = q_E \cdot m$$

Dabei sind q_E die *spezifische Erstarrungswärme* des flüssigen Stoffes und m die Masse der erstarrenden Flüssigkeit.

Für ein und denselben Stoff (bei einem bestimmten Druck) gilt:

$$\vartheta_E = \vartheta_S \qquad Q_E = Q_S \qquad q_E = q_S$$

Dabei sind ϑ_S die Schmelztemperatur, Q_S die Schmelzwärme und q_S die spezifische Schmelzwärme.

Beispiele für Schmelz- bzw. Erstarrungstemperaturen und spezifische Schmelz- bzw. Erstarrungswärmen:

Stoff	ϑ_S bzw. ϑ_E **in °C** bei 1013 hPa	q_S bzw. q_E **in** $\frac{\textbf{kJ}}{\textbf{kg}}$
Alkohol	–114	105
Aluminium	660	404
Blei	327	25
Eis (Wasser)	0	334
Eisen	1535	270
Glycerin	18	201
Kupfer	1084	205
Quecksilber	–39	12
Sauerstoff	–219	14
Wolfram	3380	193

W

Verdampfen

Verdampfen: Übergang aus dem flüssigen in den gasförmigen Aggregatzustand. Der gasförmige Stoff heißt *Dampf*.
Beim Verdampfen unterscheidet man zwischen
Verdunsten (Verdampfen nur an der Oberfläche der Flüssigkeit bei jeder Temperatur) und
Sieden (Verdampfen im Inneren der Flüssigkeit bei der Siedetemperatur).

Beim Verdampfen treten erhebliche Volumenvergrößerungen auf.

Verdampfungstemperatur ϑ_{Si}: Temperatur, bei der der jeweilige flüssige Stoff siedet.
ϑ_{Si} ist stark druckabhängig: je größer der äußere Druck ist, desto höher ist ϑ_{Si}.

Verdampfungswärme Q_V: Wärmemenge, die der jeweiligen Flüssigkeit bei gleich bleibender Siedetemperatur zugeführt werden muss, damit sie in den gasförmigen Aggregatzustand übergeht.

$$Q_V = q_V \cdot m$$

Dabei sind q_V die *spezifische Verdampfungswärme* des flüssigen Stoffes und m die Masse der siedenden Flüssigkeit.

Die abgeleitete Größe **spezifische Verdampfungswärme**

Größensymbol: q_V

Definitionsgleichung:

$$q_V = \frac{Q_V}{m}$$

q_V gibt an, welche Wärmemenge erforderlich ist, um 1 kg eines Stoffes bei der Siedetemperatur aus dem flüssigen in den gasförmigen Aggregatzustand überzuführen.

Einheit: $1\,\frac{\text{Joule}}{\text{Kilogramm}}$; $[q_V] = 1\,\frac{\text{J}}{\text{kg}}$

Kondensieren

Kondensieren: Übergang aus dem gasförmigen in den flüssigen Aggregatzustand. Dabei treten erhebliche Volumenverkleinerungen auf.

Kondensationstemperatur ϑ_K: Temperatur, bei der der jeweilige Stoff aus dem gasförmigen in den flüssigen Aggregatzustand übergeht.
ϑ_K ist stark druckabhängig.

Kondensationswärme Q_K: Wärmemenge, die dem jeweiligen Dampf bei gleich bleibender Kondensationstemperatur entzogen werden muss, damit er in den flüssigen Aggregatzustand übergeht.

$$Q_K = q_K \cdot m$$

Dabei sind q_K die *spezifische Kondensationswärme* des gasförmigen Stoffes und m die Masse des kondensierenden Dampfes.

Für ein und denselben Stoff (bei einem bestimmten Druck) gilt:

$$\vartheta_K = \vartheta_{Si} \qquad Q_K = Q_V \qquad q_K = q_V$$

Dabei sind ϑ_{Si} die Siedetemperatur, Q_V die Verdampfungswärme und q_V die spezifische Verdampfungswärme.

Beispiele für Siede- bzw. Kondensationstemperaturen und spezifische Verdampfungs- bzw. Kondensationswärmen:

Stoff	ϑ_{Si} bzw. ϑ_K **in °C** bei 1013 hPa	q_V bzw. q_K **in** $\frac{kJ}{kg}$
Alkohol	78	854
Aluminium	2400	10539
Blei	1750	874
Eisen	2800	6342
Helium	–269	21
Kupfer	2582	4798
Quecksilber	357	286
Sauerstoff	–183	214
Wasser	100	2257
Wasserstoff	–253	449

Innere Energie

Die *innere Energie U* eines Körpers ist die Energie, die der Körper aufgrund der ungeordneten Bewegung seiner Teilchen hat, also die Summe aus der kinetischen und der potenziellen Energie aller Teilchen des Körpers.

Ausdehnungsarbeit

Erfährt ein Körper durch Energiezufuhr eine Volumenzunahme, so muss der Körper gegen den äußeren Druck die *Ausdehnungsarbeit W* abgeben:

$$W = p_a \cdot \Delta V$$

Dabei sind

p_a der äußere Druck und
ΔV die Volumenzunahme des Körpers.

Erster Hauptsatz der Wärmelehre

Aus dem Energieerhaltungssatz folgt:

Die einem Körper zugeführte Energie ist gleich der Summe aus der Zunahme der inneren Energie und der vom Körper nach außen abgegebenen Arbeit.

$$Q = \Delta U + W = \Delta U + p_a \cdot \Delta V$$

Dabei sind

Q die dem Körper zugeführte Energie,
ΔU die Zunahme der im Körper gespeicherten inneren Energie,
W die vom Körper nach außen abgegebene Arbeit,
p_a der äußere Druck und
ΔV die Volumenzunahme des Körpers.

Licht

Licht ist eine Form von Energie. Träger dieser Energie sind *elektromagnetische Wellen.*

Lichtquellen

Lichtquellen sind Körper, die durch hohe Temperatur, elektrische oder chemische Vorgänge angeregt werden, Licht auszusenden.
Senden sie Licht bei hoher Temperatur aus, so nennt man sie *heiße Lichtquellen* oder *Temperaturstrahler.*
Senden sie Licht bei normaler Temperatur aus, so nennt man sie *kalte Lichtquellen* oder *Kaltstrahler (Lumineszenzstrahler).*

Lichtausbreitung

Das von einer Lichtquelle kommende Licht breitet sich allseitig und geradlinig aus.

Für den Betrag c der Ausbreitungsgeschwindigkeit des Lichtes im Vakuum und in Luft gilt:

$$c \approx 300\,000 \frac{\text{km}}{\text{s}}$$

Lichtbündel

Lichtbündel nennt man den Bereich, den das Licht bei seiner Ausbreitung einnimmt. Es lassen sich drei Arten von Lichtbündeln unterscheiden:

Divergente Lichtbündel

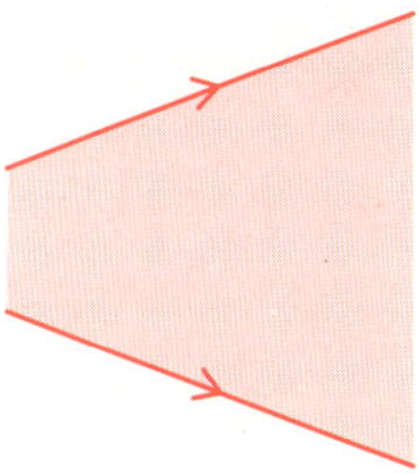

Die »Randstrahlen« laufen auseinander.

Parallellichtbündel

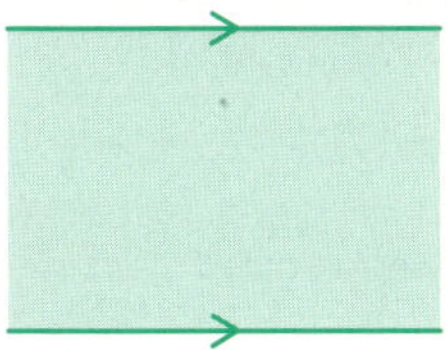

Die »Randstrahlen« laufen parallel.

Konvergente Lichtbündel

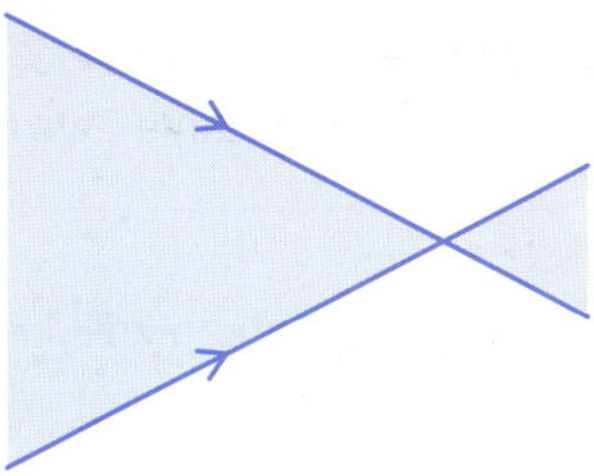

Die »Randstrahlen« laufen zusammen. Ihr Schnittpunkt heißt Konvergenzpunkt.

Reflexions- und Brechungsgesetz

Beim Übergang des Lichtes von einem durchsichtigen Medium 1 in ein durchsichtiges Medium 2 mit einer anderen optischen Dichte finden für $\alpha \neq 0°$ die folgenden Vorgänge statt.

1. Ein geringer Teil des Lichtes wird an der Grenzfläche der beiden Medien *reflektiert*. Es gilt das *Reflexionsgesetz*.
2. Der größere Teil des Lichtes dringt in das Medium 2 ein, wobei es an der Grenzfläche *gebrochen* wird. Es gilt das *Brechungsgesetz*.
3. Von jedem der beiden Medien wird ein Teil des Lichtes *absorbiert*.

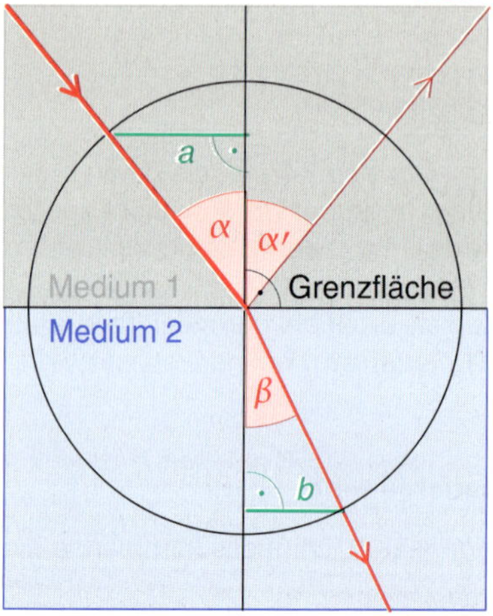

Reflexionsgesetz

Einfallender Strahl, reflektierter Strahl und Einfallslot liegen in derselben Ebene. Das Maß α des Einfallswinkels ist gleich dem Maß α' des Reflexionswinkels:

$$\alpha = \alpha'$$

Brechungsgesetz von Snellius

Einfallender Strahl, gebrochener Strahl und Einfallslot liegen in derselben Ebene.
$\frac{a}{b} = n$; die konstante Zahl n heißt Brechzahl.

Wegen der Umkehrbarkeit des Lichtweges gilt: $\overline{n} = \frac{1}{n}$

Dabei sind n die Brechzahl für den Übergang des Lichtes von dem Medium 1 in das Medium 2 und $\overline{n}$ die Brechzahl für den Übergang des Lichtes von dem Medium 2 in das Medium 1.

Das in der Zeichnung angegebene Winkelmaß β ist das Maß des Brechungswinkels.

Optische Dichte

Bei der Brechung des Lichtes lassen sich für den Verlauf des gebrochenen Strahls zwei Fälle unterscheiden:

1. Der gebrochene Strahl wird *zum Einfallslot hin* abgelenkt.

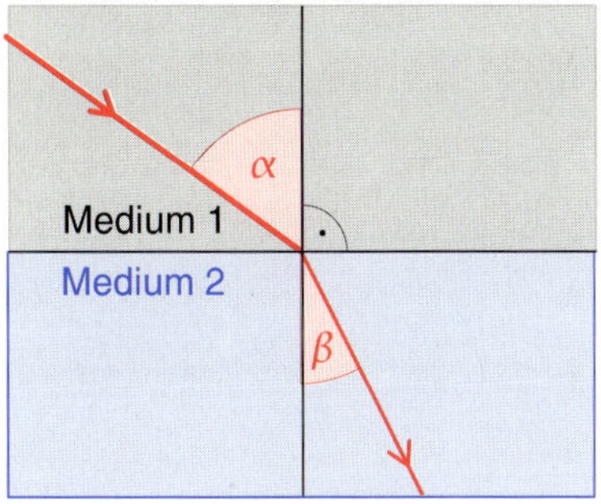

Das Maß α des Einfallswinkels ist *größer* als das zugehörige Maß β des Brechungswinkels.

2. Der gebrochene Strahl wird *vom Einfallslot weg* abgelenkt.

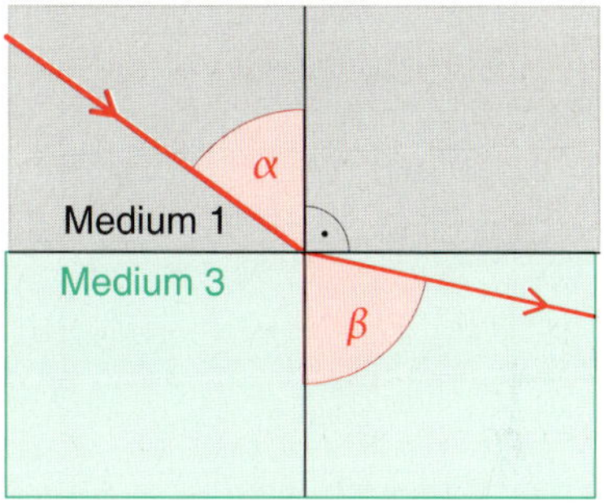

Das Maß α des Einfallswinkels ist *kleiner* als das zugehörige Maß β des Brechungswinkels.

Festlegung:

Das Medium, das den Lichtstrahl zum Einfallslot hin ablenkt, heißt *optisch dichteres Medium*; das Medium, das den Lichtstrahl vom Einfallslot weg ablenkt, heißt *optisch dünneres Medium.*

So ist z. B. in den oben stehenden Zeichnungen das Medium 2 optisch dichter als das Medium 1; das Medium 3 ist optisch dünner als das Medium 1.

Beispiele für Brechzahlen:

Medienpaar			**Brechzahl n**
Vakuum	–	Luft	1,0003
Luft	–	Alkohol	1,36
Luft	–	Benzol	1,50
Luft	–	Diamant	2,42
Luft	–	Flintglas	1,61–1,76
Luft	–	Kronglas	1,51–1,62
Luft	–	Plexiglas	1,50
Luft	–	Wasser	1,33

Totalreflexion

Trifft Licht aus einem optisch dichteren Medium 1 auf die Grenzfläche zu einem optisch dünneren Medium 2, so lassen sich drei Fälle unterscheiden:

1. $0° < \alpha < \alpha_0$ 2. $\alpha = \alpha_0$ 3. $\alpha > \alpha_0$

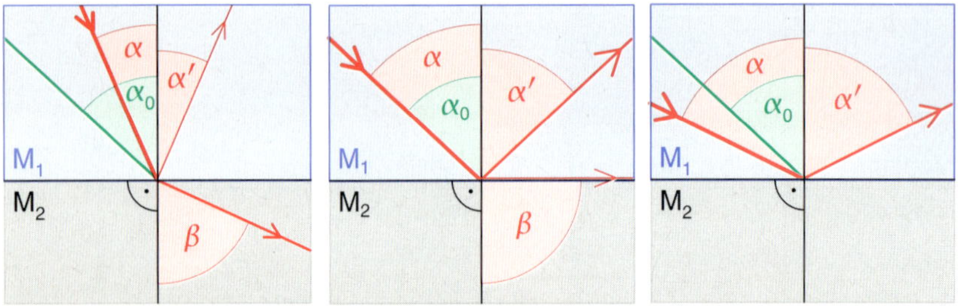

Das Licht wird vom Lot weggebrochen: $\beta > \alpha$; $\alpha' = \alpha$

Das Licht tritt streifend in der Grenzfläche aus: $\beta > \alpha$; $\alpha' = \alpha$; $\beta = \beta_{max} = 90°$

Das Licht wird an der Grenzfläche *total reflektiert*: $\alpha' = \alpha$

O

Dabei sind

α das Maß des Einfallswinkels,

α' das Maß des Reflexionswinkels und

β das Maß des Brechungswinkels.

Der Winkel mit dem Maß α_0 heißt *Grenzwinkel der Totalreflexion.* α_0 hängt von der Brechzahl n des verwendeten Medienpaares ab.

Beispiele für Grenzwinkelmaße:

Medienpaar			**Grenzwinkelmaß α_0**
Alkohol	–	Luft	48,5°
Benzol	–	Luft	42,0°
Diamant	–	Luft	24,4°
Flintglas	–	Luft	38,4°
Kronglas	–	Luft	41,5°
Plexiglas	–	Luft	42,0°
Wasser	–	Luft	48,5°

Sphärische Linsen

Sphärische Linsen sind durchsichtige Körper, die von zwei Kugelflächen oder einer ebenen Fläche und einer Kugelfläche begrenzt werden. Dabei lassen sich die folgenden Linsenformen unterscheiden.

Konvexlinsen (Sammellinsen) — *Konkavlinsen (Zerstreuungslinsen)*

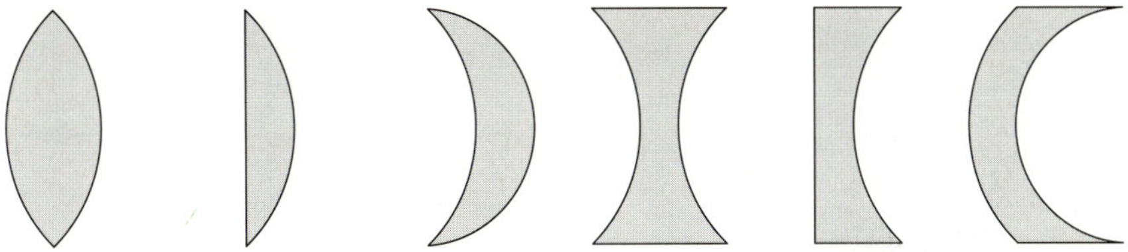

Die Konvexlinsen sind in der Mitte *dicker* als am Rande.

Die Konkavlinsen sind in der Mitte *dünner* als am Rande.

Bezeichnungen bei sphärischen Linsen

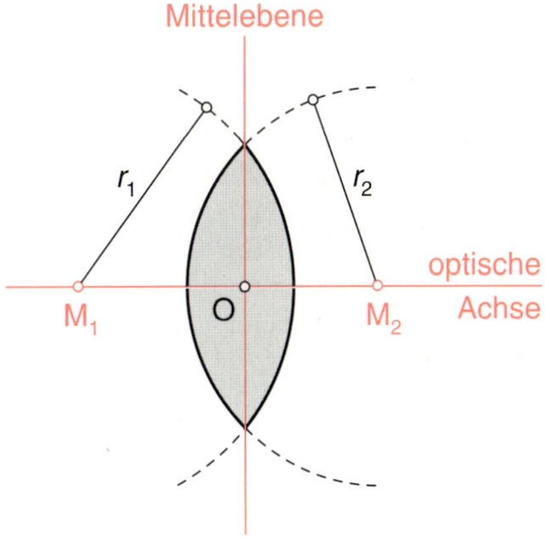

1. Die Mittelpunkte M_1 und M_2 der Kugelflächen, die die Linse begrenzen, heißen *Krümmungsmittelpunkte* der Linse.
2. Die Kugelradien r_1 und r_2 heißen *Krümmungsradien* der Linse.
3. Die Gerade, auf der die Krümmungsmittelpunkte M_1 und M_2 liegen, heißt *optische Achse* der Linse.
4. Die Ebene, die auf der optischen Achse senkrecht steht und durch den Schnittkreis der Kugelflächen geht, heißt *Mittelebene* der Linse.
5. Der Schnittpunkt der Mittelebene mit der optischen Achse heißt *optischer Mittelpunkt O* der Linse.

Lichtbrechung bei dünnen sphärischen Linsen

Konvexlinsen

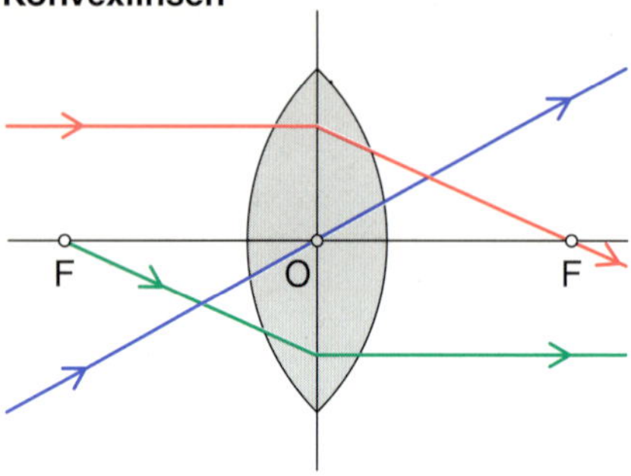

1. Jeder zur optischen Achse parallele Strahl verläuft nach der Brechung durch den *Brennpunkt F*.
2. Jeder vom Brennpunkt F aus verlaufende Strahl verläuft nach der Brechung parallel zur optischen Achse.
3. Jeder durch den optischen Mittelpunkt O verlaufende Strahl erfährt nach der Brechung keine Richtungsänderung und keine merkliche Parallelverschiebung.

Konkavlinsen

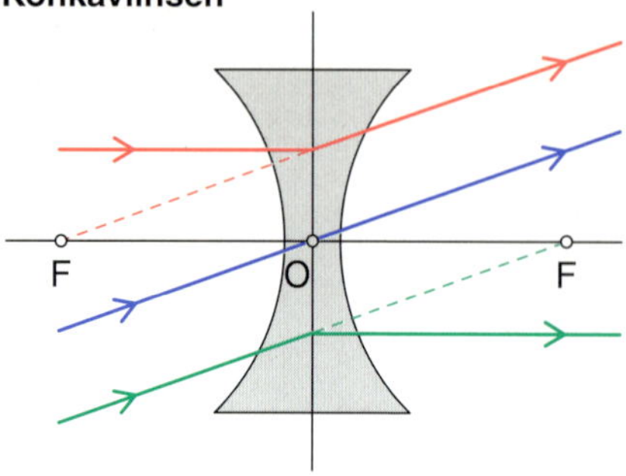

1. Jeder zur optischen Achse parallele Strahl verläuft nach der Brechung so, als käme er vom *virtuellen Brennpunkt F* her.
2. Jeder Strahl, der in Richtung auf den jenseitigen virtuellen Brennpunkt F einfällt, verläuft nach der Brechung parallel zur optischen Achse.
3. Jeder durch den optischen Mittelpunkt O verlaufende Strahl erfährt nach der Brechung keine Richtungsänderung und keine merkliche Parallelverschiebung.

O

Anmerkungen:

- Jede Konvexlinse hat zwei Brennpunkte F, die gleich weit vom optischen Mittelpunkt O entfernt sind.
- Jede Konkavlinse hat zwei virtuelle Brennpunkte F, die gleich weit vom optischen Mittelpunkt O entfernt sind.
- Die Entfernung $\overline{OF}$ heißt *Brennweite f* der jeweiligen Linse. Die Brennweite bei Konkavlinsen wird als negative Größe angegeben.

Optische Abbildung bei Konvexlinsen

Bildkonstruktion

Der Gegenstand G liegt *außerhalb* der Brennweite.

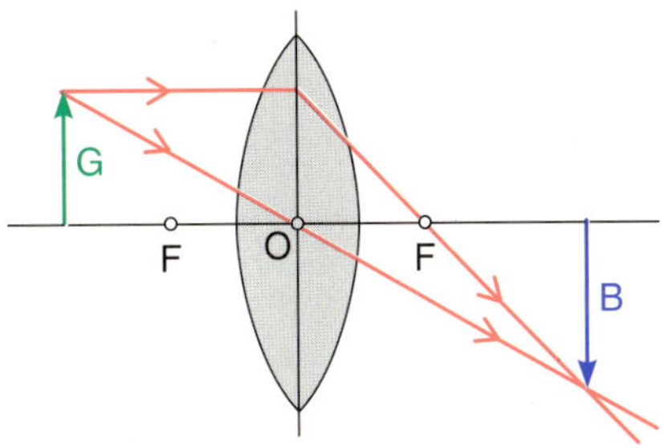

Das Bild B ist *reell*, umgekehrt, seitenvertauscht und vergrößert.

Der Gegenstand G liegt *innerhalb* der Brennweite.

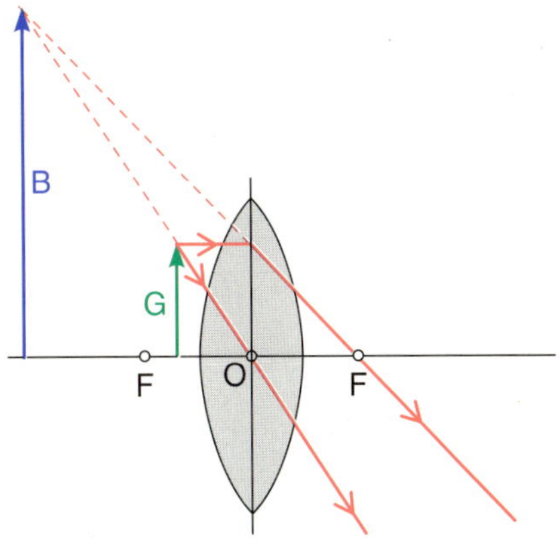

Das Bild B ist *virtuell*, aufrecht, seitenrichtig und vergrößert.

Abbildungsgleichungen

1. *Linsenformel:*

$$\frac{1}{f} = \frac{1}{g} + \frac{1}{b}$$

2. *Formel für den Abbildungsmaßstab A:*

$$A = \frac{B}{G} = \frac{b}{g}$$

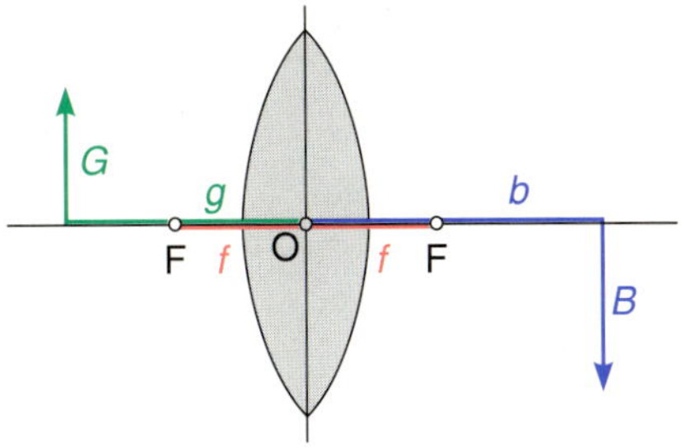

Dabei sind *f* die Brennweite der Linse, *g* die Gegenstandsweite, *b* die Bildweite, *B* die Bildgröße und *G* die Gegenstandsgröße.

Anmerkung:

Die Abbildungsgleichungen gelten auch für Konkavlinsen. Die Brennweite wird dabei als negative Größe angegeben.

Spektrallichter

Spektrallichter sind die verschiedenen Lichter eines *kontinuierlichen Spektrums* bzw. von *Linienspektren* (Brechung des weißen Lichtes beim Durchgang durch ein Prisma bzw. Brechung des Lichtes eines leuchtenden Gases beim Durchgang durch ein Prisma). Wir nehmen mit dem Auge ihre unterschiedlichen Farben wahr.

Jedes Spektrallicht ist nicht weiter zerlegbar; man sagt, es ist *monochromatisch (einfarbig)*.

Die Spektrallichter werden beim Durchgang durch ein Prisma verschieden stark gebrochen. Damit sind die Brechzahlen der Stoffe für die verschiedenen Spektrallichter verschieden:

$$n_{\text{rot}} < n_{\text{orange}} < n_{\text{gelb}} < n_{\text{grün}} < n_{\text{blau}} < n_{\text{violett}}$$

Mischlichter

Mischlichter sind farbige Lichter, die sich in Spektrallichter zerlegen lassen. Man erhält sie z. B. durch

additive Farbmischung (Überlagerung farbiger Lichter) oder durch

subtraktive Farbmischung (Absorption von Spektrallichtern aus weißem Licht in Filtern).

Komplementärlichter

Komplementärlichter sind farbige Lichter, die sich zu weißem Licht ergänzen.

Beispiele für Komplementärlichter

Ausgeblendetes Spektrallicht	Rot	Orange	Gelb	Grün	Blau	Violett
Mischlicht aus den restlichen Spektrallichtern	Grün	Blau	Violett	Rot	Orange	Gelb

Grundbegriffe

Magnet:	Körper, der auf bestimmte Stoffe wie Eisen, Nickel, Kobalt und spezielle Legierungen *magnetische Kräfte* ausübt. Diese Materialien nennt man *ferromagnetisch.*
Magnetpole:	Darunter versteht man die zwei Bereiche eines Magneten, in deren Umgebung die größten Kraftwirkungen feststellbar sind. Es gibt zwei Arten magnetischer Pole: *magnetischer Nord-* und *magnetischer Südpol.* Gleichnamige Magnetpole stoßen einander ab, ungleichnamige Magnetpole ziehen einander an.
Indifferenzzone:	Darunter versteht man den Bereich eines Magneten, in dessen Umgebung keine (oder nur geringe) magnetische Kraftwirkungen feststellbar sind.
Ferromagnet:	Körper aus einem ferromagnetischen Stoff.
Elementarmagnete:	Gedachte kleinste Bereiche mit magnetischer Dipoleigenschaft in Ferromagneten (unterhalb der jeweiligen *Curietemperatur*).
Magnetisieren:	Gleichsinniges Ausrichten der Elementarmagnete eines Ferromagneten.
Magnetfeld:	Raum um jeden Magneten bzw. um jeden stromdurchflossenen Leiter, in dem *magnetische Kräfte* wirken.
Magnetische Feldlinien:	Wirkungslinien der magnetischen Kräfte. Sie sind geschlossene Linien, die außerhalb eines Magneten vom magnetischen Nordpol zum magnetischen Südpol verlaufen.
Magnetische Influenz:	Wird ein Ferromagnet in ein Magnetfeld gebracht, so wird dieser zu einem *magnetischen Dipol.* Dabei werden Körper aus Weicheisen *temporär (vorübergehend)* und Körper aus Stahl *permanent* (*dauerhaft*) magnetisiert.

Grundbegriffe

Elektrische Ladungen: Es gibt zwei Arten elektrischer Ladungen, nämlich *positive* und *negative* elektrische Ladung.

> Gleichnamige elektrische Ladungen stoßen einander ab, ungleichnamige elektrische Ladungen ziehen einander an.

Ladungsträger sind Ionen (elektrisch geladene Atome) und Elementarteilchen wie z. B. Elektronen und Protonen.

Es gibt eine kleinste elektrische Ladung, die sogenannte *Elementarladung e*. Jede elektrische Ladung ist ein ganzzahliges Vielfaches dieser Elementarladung.

Elektrisch geladene Körper: Ein Körper ist elektrisch positiv geladen, wenn er *Elektronenmangel* hat.
Ein Körper ist elektrisch negativ geladen, wenn er *Elektronenüberschuss* hat.

Elektrisches Feld: Raum um jeden elektrisch geladenen Körper, in dem *elektrische Kräfte* auf elektrische Ladungen wirken.

Elektrische Feldlinien: Wirkungslinien der elektrischen Kräfte. Sie *beginnen* senkrecht in der Oberfläche eines elektrisch positiv geladenen Körpers und *enden* senkrecht in der Oberfläche eines elektrisch negativ geladenen Körpers.

Elektrische Influenz: Wird ein elektrisch neutraler Körper in ein elektrisches Feld gebracht, so werden seine Ladungen teilweise getrennt; er wird zu einem *elektrischen Dipol.*

Elektrischer Strom: Elektrischer Strom ist mit Ladungsträgern bewegte elektrische Ladung in einem elektrischen Feld.

Stromrichtungen: *Technische Stromrichtung* vom Pluspol der Spannungsquelle durch den Leiterkreis zu ihrem Minuspol;

physikalische Stromrichtung vom Minuspol der Spannungsquelle durch den Leiterkreis zu ihrem Pluspol.

E

Die Basisgröße **elektrische Stromstärke**

Größensymbol: I

Einheit: 1 Ampere; $[I] = 1\,\text{A}$

1 A ist die Stärke eines zeitlich unveränderlichen elektrischen Stromes, der, durch zwei im Vakuum parallel im Abstand 1 Meter voneinander angeordnete, geradlinige, unendlich lange Leiter von vernachlässigbar kleinem, kreisförmigem Querschnitt fließend, zwischen diesen Leitern je 1 Meter Leiterlänge elektrodynamisch die Kraft $2 \cdot 10^{-7}$ N hervorrufen würde.

Messung: Amperemeter (Reihenschaltung)

Die abgeleitete Größe **elektrische Ladung**

Größensymbol: Q

Definitionsgleichung: $Q = I \cdot t$

Dabei sind I die Stromstärke und t die Zeit des Stromflusses.

Einheit: 1 Amperesekunde = 1 Coulomb

$[Q] = 1\,\text{As} = 1\,\text{C}$

Elementarladung e: $e = 1{,}602 \cdot 10^{-19}\,\text{C}$

Die abgeleitete Größe **elektrische Spannung**

Größensymbol: U

Definitionsgleichung: $U = \frac{W}{Q}$

Dabei sind W die elektrische Arbeit und Q die elektrische Ladung.

Einheit: $1\,\frac{\text{Newtonmeter}}{\text{Coulomb}} = 1\,\frac{\text{Joule}}{\text{Coulomb}} = 1\,\frac{\text{Watt}}{\text{Ampere}} = 1\,\text{Volt}$

$[U] = 1\,\frac{\text{Nm}}{\text{C}} = 1\,\frac{\text{J}}{\text{C}} = 1\,\frac{\text{W}}{\text{A}} = 1\,\text{V}$

Messung: Voltmeter (Parallelschaltung)

Ohmsches Gesetz

Für feste und flüssige Leiter gilt bei konstanter Temperatur des Leiters das

Ohmsche Gesetz: $U = R \cdot I$

Dabei sind U die elektrische Spannung,
die Konstante R der elektrische Widerstand des Leiters und
I die elektrische Stromstärke.

Die abgeleitete Größe **elektrischer Widerstand**

Größensymbol: R

Definitionsgleichung: $R = \frac{U}{I}$

Einheit: $1 \frac{\text{Volt}}{\text{Ampere}} = 1 \text{ Ohm}$

$[R] = 1 \frac{\text{V}}{\text{A}} = 1\,\Omega$

Messung: Ohmmeter

Elektrischer Widerstand und Temperatur

Der elektrische Widerstand R eines Leiters hängt im Allgemeinen von der Temperatur des Leiters ab.

Metallischer Leiter: R nimmt im Allgemeinen mit steigender Temperatur zu.

Bestimmte Legierungen (z. B. Konstantan): R ist weitgehend temperaturunabhängig.

Kohle und Elektrolyte: R nimmt mit steigender Temperatur ab.

E

Elektrischer Widerstand eines Drahtes

Für den elektrischen Widerstand R eines Drahtes gilt die

Widerstandsformel: $R = \varrho \cdot \frac{l}{A}$

Dabei sind ϱ der spezifische Widerstand des Leitermaterials,
l die Länge des Leiters und
A die Querschnittsfläche des Leiters.

Die abgeleitete Größe **spezifischer Widerstand**

Größensymbol: ϱ

Definitionsgleichung: $\varrho = \frac{R \cdot A}{l}$

Einheit: $1 \frac{\text{Ohm} \cdot \text{Quadratmeter}}{\text{Meter}} = 1\ \text{Ohmmeter}$ bzw.

$1 \frac{\text{Ohm} \cdot \text{Quadratmillimeter}}{\text{Meter}}$

$[\varrho] = 1 \Omega\text{m}$ bzw. $[\varrho] = 1 \frac{\Omega \cdot \text{mm}^2}{\text{m}}$

Hinweis: Der spezifische Widerstand ϱ ist ebenso wie der elektrische Widerstand R temperaturabhängig.

Beispiele für spezifische Widerstände in $\frac{\Omega \cdot \text{mm}^2}{\text{m}}$ bei 18 °C:

Aluminium	0,027	Messing	0,08
Blei	0,21	Nickel	0,07
Eisen	0,10	Platin	0,10
Glas	10^{16}–10^{22}	Quecksilber	0,96
Kohle	40–80	Silber	0,016
Konstantan	0,50	Silicium	1200
Kupfer	0,017	Wolfram	0,05

E

Reihenschaltung von Widerständen

$U = U_1 + U_2 + \ldots + U_n$

$I = I_1 = I_2 = \ldots = I_n$

$U_m : U_n = R_m : R_n$

$R = R_1 + R_2 + \ldots + R_n$

Schaltskizze für die Reihenschaltung von drei Widerständen

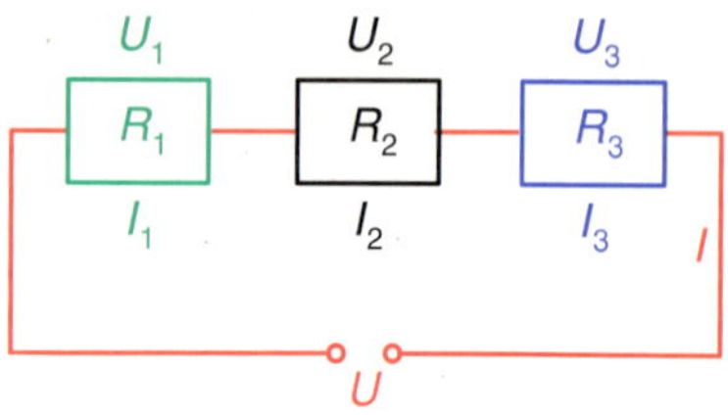

Dabei sind U die Gesamtspannung, $U_1, U_2, \ldots, U_n$ die Teilspannungen an den Widerständen, I die Gesamtstromstärke, $I_1, I_2, \ldots, I_n$ die Stromstärken in den Widerständen, R der elektrische Gesamtwiderstand und $R_1, R_2, \ldots, R_n$ die elektrischen Widerstände der in Reihe geschalteten Widerstände.

Parallelschaltung von Widerständen

$U = U_1 = U_2 = \ldots = U_n$

$I = I_1 + I_2 + \ldots + I_n$

1. Kirchhoffsche Regel

$I_m : I_n = R_n : R_m$

2. Kirchhoffsche Regel

$$\frac{1}{R} = \frac{1}{R_1} + \frac{1}{R_2} + \ldots + \frac{1}{R_n}$$

Schaltskizze für die Parallelschaltung von drei Widerständen

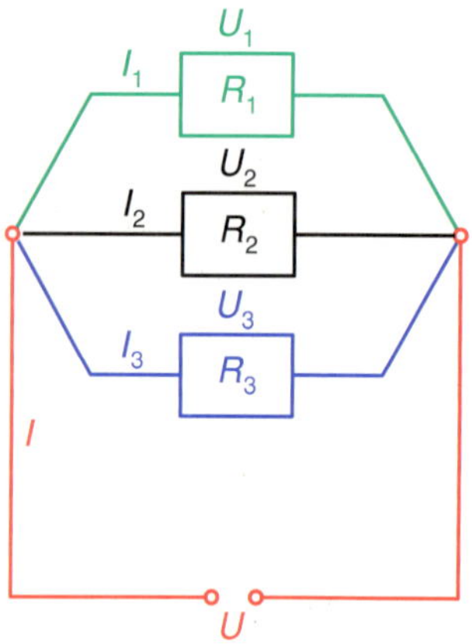

Dabei sind U die Gesamtspannung, $U_1, U_2, \ldots, U_n$ die Teilspannungen längs der Leiterzweige, I die Gesamtstromstärke, $I_1, I_2, \ldots, I_n$ die Stromstärken in den Leiterzweigen, R der elektrische Gesamtwiderstand und $R_1, R_2, \ldots, R_n$ die elektrischen Widerstände der parallel geschalteten Widerstände.

Erweiterungen des Messbereichs eines Amperemeters

Um den Messbereich eines Amperemeters zu erweitern, muss ein Widerstand *parallel* zum Messwerk geschaltet werden (*Nebenwiderstand*).

Soll der Messbereich auf das n-fache erweitert werden, so gilt:

$$R_N = \frac{1}{n-1} \cdot R_M$$

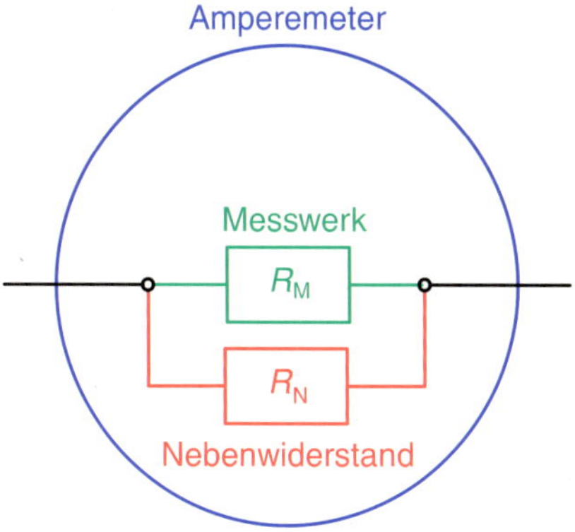

Dabei sind

R_N der elektrische Widerstand des Nebenwiderstandes und

R_M der elektrische Widerstand des Messwerkes.

Erweiterungen des Messbereichs eines Voltmeters

Um den Messbereich eines Voltmeters zu erweitern, muss ein Widerstand *vor* das Messwerk geschaltet werden (*Vorwiderstand*).

Soll der Messbereich auf das n-fache erweitert werden, so gilt:

$$R_V = (n-1) \cdot R_M$$

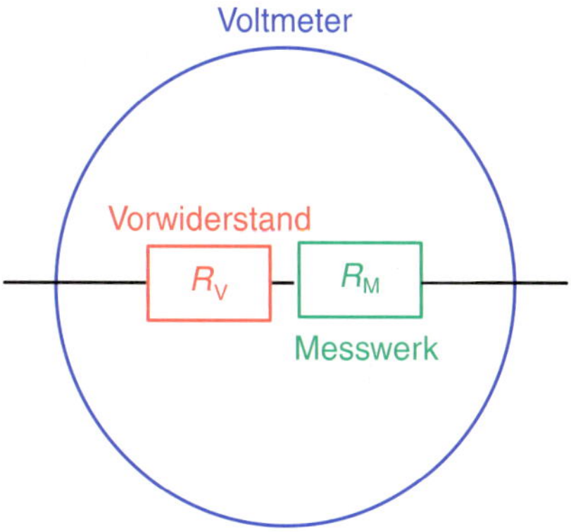

Dabei sind

R_V der elektrische Widerstand des Vorwiderstandes und

R_M der elektrische Widerstand des Messwerkes.

Die abgeleitete Größe **elektrische Arbeit**

Größensymbol: W_{el}

Definitionsgleichung: $W_{el} = U \cdot I \cdot t$

Dabei sind U die elektrische Spannung, I die elektrische Stromstärke und t die Zeit des Stromflusses.

Einheit: 1 Voltamperesekunde = 1 Newtonmeter = 1 Joule = 1 Wattsekunde

$[W_{el}] = 1\,\text{VAs} = 1\,\text{Nm} = 1\,\text{J} = 1\,\text{Ws}$

Weitere Gleichungen: $W_{el} = U \cdot Q$ $W_{el} = I^2 \cdot R \cdot t$ $W_{el} = \frac{U^2 \cdot t}{R}$

Dabei sind U die elektrische Spannung, Q die transportierte elektrische Ladung, I die elektrische Stromstärke, R der elektrische Widerstand des Leiters und t die Zeit des Stromflusses.

Messung: Elektrizitätszähler

Die abgeleitete Größe **elektrische Leistung**

Größensymbol: P_{el}

Definitionsgleichung: $P_{el} = \frac{W_{el}}{t}$

Dabei sind W_{el} die elektrische Arbeit und t die Zeit des Stromflusses.

Einheit: $1\,\text{Voltampere} = 1\,\frac{\text{Newtonmeter}}{\text{Sekunde}} = 1\,\frac{\text{Joule}}{\text{Sekunde}} = 1\,\text{Watt}$

$[P_{el}] = 1\,\text{VA} = 1\,\frac{\text{Nm}}{\text{s}} = 1\,\frac{\text{J}}{\text{s}} = 1\,\text{W}$

Weitere Gleichungen: $P_{el} = U \cdot I$ $P_{el} = R \cdot I^2$ $P_{el} = \frac{U^2}{R}$

Dabei sind U die elektrische Spannung, I die elektrische Stromstärke und R der elektrische Widerstand des Leiters.

E

Faustregel der rechten Hand

Mit Hilfe der *Faustregel der rechten Hand* kann die Richtung der magnetischen Feldlinien des Magnetfeldes eines Strom durchflossenen geraden Leiters ermittelt werden.

Umfasst man den Strom durchflossenen geraden Leiter gedanklich mit der rechten Hand so, dass der Daumen in die technische Stromrichtung zeigt, dann geben die gekrümmten Finger die Richtung der magnetischen Feldlinien an.

Erste Drei-Finger-Regel der rechten Hand (Erste UVW-Regel)

Mit Hilfe der *ersten UVW-Regel* kann die *Richtung der Lorentzkraft* ermittelt werden.

Spreizt man Daumen, Zeige- und Mittelfinger der rechten Hand paarweise zueinander senkrecht und hält den Daumen in die technische Stromrichtung (Ursache U), den Zeigefinger in die Richtung der magnetischen Feldlinien (Vermittlung V), so zeigt der Mittelfinger die Richtung der Lorentzkraft (Wirkung W) an.

Zweite Drei-Finger-Regel der rechten Hand (Zweite UVW-Regel)

Mit Hilfe der *zweiten UVW-Regel* kann die *technische Stromrichtung des Induktionsstromes* in einem bewegten geraden Leiter ermittelt werden.

Spreizt man Daumen, Zeige- und Mittelfinger der rechten Hand paarweise zueinander senkrecht und hält den Daumen in die Bewegungsrichtung des Leiters (Ursache U), den Zeigefinger in die Richtung der magnetischen Feldlinien (Vermittlung V), so zeigt der Mittelfinger die technische Stromrichtung (Wirkung W) des Induktionsstromes an.

Hinweis: Verwendet man statt der technischen Stromrichtung die *physikalische Stromrichtung (Bewegungsrichtung der Elektronen)*, so muss die *linke Hand* verwendet werden.

Induktionsgesetz von Faraday

Jede zeitliche Änderung der Stärke oder Richtung des von einem Leiterkreis umfassten Magnetfeldes erzeugt in diesem Leiterkreis eine Induktionsspannung.

Lenzsche Regel

Der Induktionsstrom ist stets so gerichtet, dass sein Magnetfeld der Ursache seiner Entstehung entgegenwirkt.

Transformatorgesetze

1. Für den *unbelasteten* Transformator gilt:

$$\frac{U_p}{U_s} = \frac{n_p}{n_s}$$

2. Für den *verlustfreien belasteten* Transformator gilt:

$$\frac{I_p}{I_s} = \frac{n_s}{n_p} \qquad P_p = P_s$$

Dabei sind

U_p die Primärspannung,
U_s die Sekundärspannung,
n_p die Windungszahl der Primärspule,
n_s die Windungszahl der Sekundärspule,
I_p die Primärstromstärke,
I_s die Sekundärstromstärke,
P_p die Primärleistung und
P_s die Sekundärleistung.

Der Quotient $\frac{n_p}{n_s}$ heißt *Übersetzungsverhältnis* des Transformators.

E

Generatoren sind Maschinen, die mechanische Energie unter Vermittlung von magnetischer Energie in elektrische Energie überführen.

Fremd erregter Außenpolwechselstromgenerator

Stator: In Reihe geschaltete Feldspulen (Feldmagnet)
Rotor: Induktionsspule (z. B. Doppel-T-Anker) mit zwei gegeneinander isolierten Schleifringen

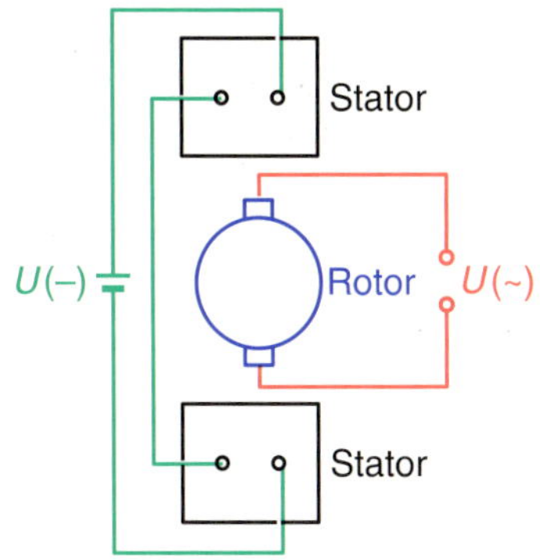

Fremd erregter Innenpolwechselstromgenerator

Stator: In Reihe geschaltete Induktionsspulen
Rotor: Feldmagnet (z. B. Doppel-T-Anker) mit zwei gegeneinander isolierten Schleifringen

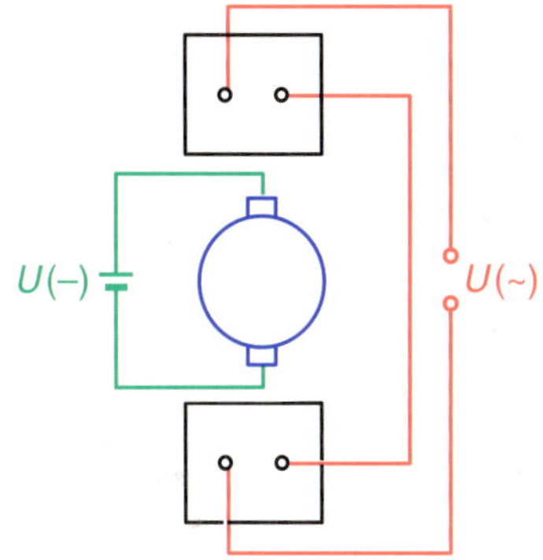

Selbst erregter Nebenschlussgleichstromgenerator

Stator: In Reihe geschaltete Feldspulen (Feldmagnet)
Rotor: Induktionsspule (Trommelanker) mit Kommutator

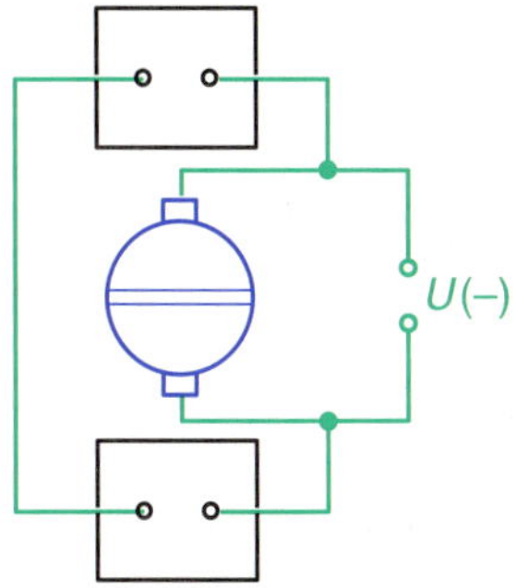

Elektrodynamisches Prinzip

Der Restmagnetismus des Feldmagneten liefert das zunächst benötigte Magnetfeld, dessen Stärke durch den induzierten Strom gesteigert wird. Die gegenseitige Verstärkung von Induktionsstrom und Magnetfeld erfolgt oberhalb einer kritischen Drehzahl so lange, bis der Magnet gesättigt ist.

Elektrischer Strom fließt dann, wenn freie Ladungsträger vorhanden sind, die in einem elektrischen Feld beschleunigt werden.

Elektrizitätsleitung in Metallen

Die Ladungsträger sind die *Leitungselektronen* (*freie Elektronen*) des Metalls.

Elektrizitätsleitung in Elektrolyten

Die Ladungsträger sind positive und negative *Ionen*, die durch *elektrolytische Dissoziation* im Elektrolyten entstehen.

Elektrizitätsleitung in Gasen

Die Ladungsträger sind positive und negative *Ionen* sowie *Elektronen*.

Erfolgt die Ionisierung des Gases durch Energiezufuhr von außen, und fließt im Gas ein elektrischer Strom, so spricht man von einer *unselbständigen Gasentladung*.

Erfolgt die Ionisierung des Gases überwiegend durch den Entladungsvorgang selbst (*Stoßionisation*), und fließt im Gas ein elektrischer Strom, so spricht man von einer *selbständigen Gasentladung*.

Elektrizitätsleitung im Vakuum

Die Ladungsträger sind *Elektronen*, die z. B. aus einem glühenden Metall (*glühelektrischer Effekt; Glühemission*) austreten.

Die aus der Kathode austretenden und in einem elektrischen Feld zur Anode schnell beschleunigten Elektronen breiten sich nach dem Verlassen des elektrischen Feldes geradlinig aus und werden als *Elektronenstrahlen* (*Kathodenstrahlen*) bezeichnet. Sie erfahren in elektrischen und magnetischen Querfeldern eine Ablenkung. Die Kraft, die jedes ein magnetisches Querfeld durchlaufendes Elektron erfährt, heißt *Lorentzkraft*.

Elektrizitätsleitung in Halbleitern

Die Ladungsträger sind *Leitungselektronen* (im Leitungsband) und elektrisch positiv geladene *Löcher* (*Defektelektronen*; im Valenzband).

Eigenleitung

Unter *Eigenleitung* versteht man die gerichtete Bewegung der Leitungselektronen (*n-Leitung*; **n**egative Ladungsträger) und die entgegengesetzt gerichtete Bewegung der Löcher (*p-Leitung*; **p**ositive Ladungsträger) in einem *reinen Halbleiter* unter der Einwirkung eines elektrischen Feldes. Dabei ist die Anzahl der Leitungselektronen stets ebenso groß wie die Anzahl der Löcher.

Dotierung

Unter der *Dotierung* eines Halbleiters versteht man den Einbau von 5-wertigen Fremdatomen bzw. von 3-wertigen Fremdatomen in den Halbleiter. Damit wird die Anzahl der Leitungselektronen bzw. der Defektelektronen vergrößert.

Erfolgt die Dotierung mit 5-wertigen Fremdatomen (z. B. Phosphoratomen), so entsteht ein *n-Halbleiter*. Die *Majoritätsträger* sind Elektronen.

Erfolgt die Dotierung mit 3-wertigen Fremdatomen (z. B. Boratomen), so entsteht ein *p-Halbleiter*. Die *Majoritätsträger* sind Löcher.

Fremdleitung

Unter *Fremdleitung* versteht man die gerichtete Bewegung der Leitungselektronen und die entgegengesetzt gerichtete Bewegung der Löcher in einem *dotierten Halbleiter* unter der Einwirkung eines elektrischen Feldes.
Bei einem n-Halbleiter überwiegt die Anzahl der Leitungselektronen,
bei einem p-Halbleiter überwiegt die Anzahl der Löcher.

NTC-Widerstand (Heißleiter)

Ein *NTC-Widerstand* (**N**egative **T**emperature **C**oefficient) ist ein Halbleiter, dessen elektrischer Widerstand mit zunehmender Temperatur erheblich kleiner wird (negative Widerstandsänderung).

Halbleitermaterial: Mischkristalle aus Metalloxiden, z. B. Eisenoxid mit Titandioxid

Anwendung: z. B. in Temperaturmessgeräten als Temperaturfühler; in Alarmanlagen für Brandschutz

Schaltzeichen:

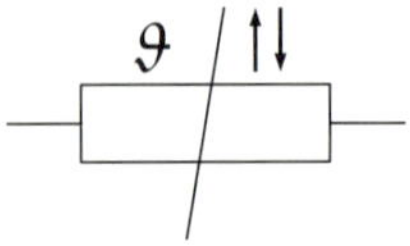

PTC-Widerstand (Kaltleiter)

Ein *PTC-Widerstand* (**P**ositive **T**emperature **C**oefficient) ist ein Halbleiter, dessen elektrischer Widerstand mit zunehmender Temperatur erheblich größer wird (positive Widerstandsänderung).

Halbleitermaterial: z. B. eisenhaltige Keramik

Anwendung: z. B. in Temperaturmessgeräten als Temperaturfühler; in Motoren und Maschinen als thermischer Überlastungsschutz

Schaltzeichen:

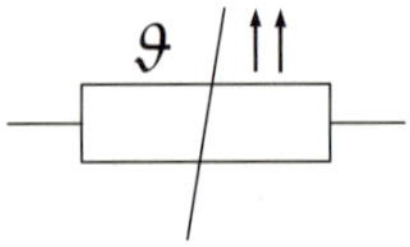

LDR-Widerstand

Ein *LDR-Widerstand* (**L**ight **D**ependent **R**esistor) ist ein Halbleiter, dessen elektrischer Widerstand durch Zufuhr von Lichtenergie erheblich kleiner wird.

Halbleitermaterial: z. B. Cadmiumsulfid, Bleisulfid

Anwendung: z. B. in Lichtschranken; in Belichtungsmessern

Schaltzeichen:

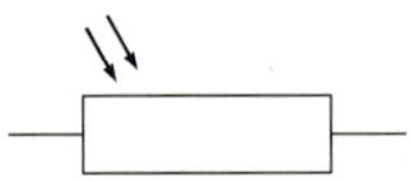

E

Halbleiterdiode

Fügt man einen p-Leiter und einen n-Leiter aneinander, so erhält man einen *pn-Übergang*, auch *Halbleiterdiode* genannt.

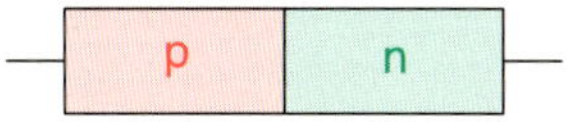

Schaltzeichen:

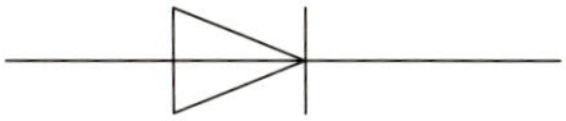

Elektrodenbezeichnung: Anode Katode

Halbleitermaterial: z. B. Silicium

Äußere Gleichspannung an der Halbleiterdiode:

Pluspol am p-Leiter (Anode): Schaltung in Durchlassrichtung
Pluspol am n-Leiter (Katode): Schaltung in Sperrichtung

Äußere Wechselspannung an der Halbleiterdiode:

Die Halbleiterdiode wirkt als *Gleichrichter*.

Eine Halbleiterdiode ist somit ein Bauteil mit stromrichtungsabhängigem (auch temperatur- und beleuchtungsstärkeabhängigem) elektrischem Widerstand.

Leuchtdiode

Die *Leuchtdiode*, auch *LED* (**L**ight **E**mitting **D**iode) genannt, ist eine spezielle Halbleiterdiode, die selbst Licht aussendet, wenn sie in Durchlassrichtung geschaltet ist.
Die Lichtaussendung wird im Grenzgebiet zwischen n- und p-Leiter durch die Energie der bewegten Ladungsträger ausgelöst.

Halbleitermaterial: z. B. Galliumarsenid, Galliumphosphid

Anwendung: z. B. Betriebsanzeigelämpchen ; Dezimalziffernanzeige beim Taschenrechner

Schaltzeichen:

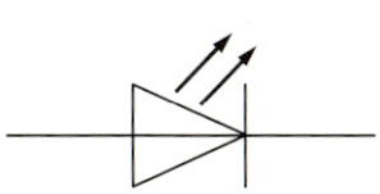

Transistor

Fügt man zwei unterschiedlich gepolte pn-Übergänge aneinander, so erhält man einen (bipolaren) *Transistor*.
Dabei lassen sich zwei Fälle unterscheiden:

npn-Transistor | *pnp-Transistor*

Zonenfolgen | Schaltzeichen | Zonenfolgen | Schaltzeichen

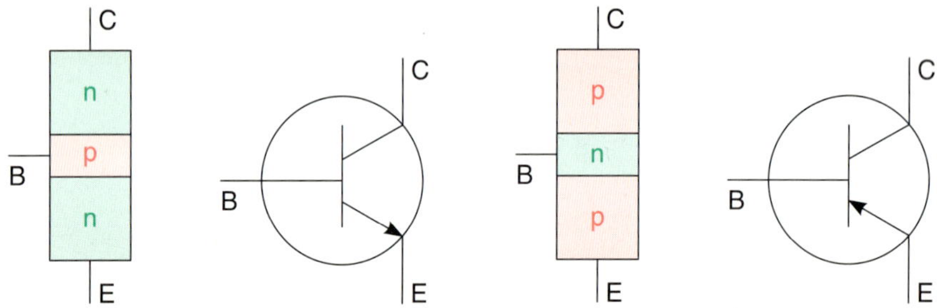

Bezeichnungen: Die beiden äußeren Zonen heißen *Kollektor C* und *Emitter E*, die mittlere dünne Zone heißt *Basis B.*

Halbleitermaterial: z. B. Silicium mit unterschiedlich stark dotierten Zonen

Anwendung: z. B. als Verstärker oder als Schalter, meist in der sogenannten Emitterschaltung betrieben

Emitterschaltung eins npn-Transistors

Bei dieser Schaltung ist der Emitteranschluss der gemeinsame Transistoranschluss für den *Steuerstromkreis* und den *Arbeitsstromkreis*.
Durch die Änderung der Basis-Emitter-Spannung U_{BE} und der Basisstromstärke I_B ändert sich der elektrische Widerstand des Transistors und somit auch die Kollektorstromstärke I_C.

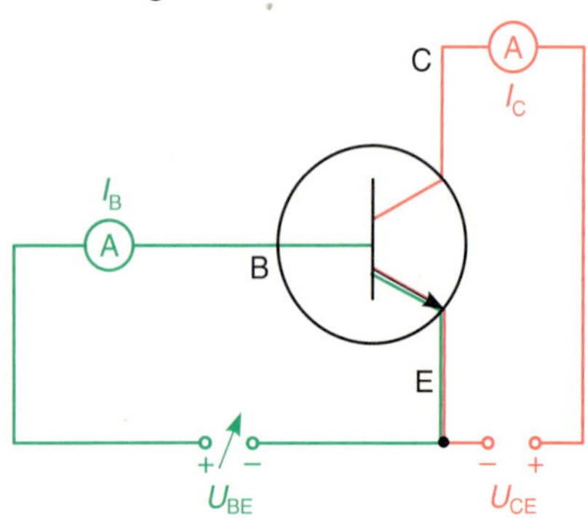

Damit ist der *Transistor* ein *steuerbares Halbleiterbauteil.*

Für den *Stromverstärkungsfaktor* β gilt:

$$\beta = \frac{\Delta I_C}{\Delta I_B}$$

Dabei sind ΔI_C die Änderung der Kollektorstromstärke und ΔI_B die Änderung der Basisstromstärke.

Jedes Atom besteht aus einem *Atomkern* und einer *Atomhülle*. Atomkern und Atomhülle sind aus *Elementarteilchen* zusammengesetzt.

Atomkern

- Mittelpunkt des Atoms
- sein Durchmesser liegt in der Größenordnung von 10^{-15} m
- er enthält nahezu die gesamte Masse des Atoms
- er ist elektrisch positiv geladen
- die Ladungsträger heißen *Protonen*
- er enthält außerdem elektrisch neutrale Teilchen, die sogenannten *Neutronen*
- die *Kernbausteine* Protonen und Neutronen, auch *Nukleonen* genannt, werden durch *Kernkräfte* zusammengehalten
- die Kernkräfte liefern die *Bindungsenergie* (Energie, die bei der Bildung eines Atomkerns aus Elementarteilchen frei wird)

Atomhülle

- Raum um den Atomkern
- ihr Durchmesser liegt in der Größenordnung von 10^{-10} m
- sie ist elektrisch negativ geladen
- die Ladungsträger heißen *Elektronen*
- die Elektronen bewegen sich auf bestimmten Bahnen um den Atomkern

Die Elementarteilchen Protonen, Neutronen und Elektronen

	Protonen	Neutronen	Elektronen
Symbol	p	n	e^-
Ruhemasse in kg	$1{,}6723 \cdot 10^{-27}$	$1{,}6747 \cdot 10^{-27}$	$9{,}1095 \cdot 10^{-31}$
Elektrische Ladung in C	$+1{,}6021 \cdot 10^{-19}$ positive Elementarladung	0	$-1{,}6021 \cdot 10^{-19}$ negative Elementarladung

A

Nuklide

Eine *Atomkernart* (*Nuklid*) ist durch zwei Angaben gekennzeichnet:

1. *Kernladungszahl Z*: Anzahl der Protonen;
   Ordnungszahl im Periodensystem;
   beim elektrisch neutralen Atom gleich der Anzahl der Elektronen in der Atomhülle

2. *Nukleonenzahl A*: Summe aus der Protonenzahl Z und der Neutronenzahl N

$$A = Z + N$$

Nuklidschreibweise

An das chemische Symbol des betreffenden Elements wird als linker unterer Index die Kernladungszahl Z und als linker oberer Index die Nukleonenzahl A angefügt.

Beispiele: ${}^{4}_{2}\mathrm{He}$, ${}^{23}_{11}\mathrm{Na}$, ${}^{238}_{92}\mathrm{U}$ Allgemein: ${}^{A}_{Z}\mathrm{X}$

Schreibweise für das Proton: ${}^{1}_{1}\mathrm{p}$

Schreibweise für das Neutron: ${}^{1}_{0}\mathrm{n}$

Isotope

Isotope sind Atome eines bestimmten chemischen Elements mit gleicher Protonenzahl aber verschiedener Neutronenzahl.
Die meisten chemischen Elemente bestehen aus einem Isotopengemisch.

Beispiel: *Isotope des natürlichen Urans*

Uranatom mit dem Nuklid	**Protonen**	**Neutronen**	**Elektronen**	**Häufigkeit**
${}^{234}_{92}\mathrm{U}$	92	142	92	0,006%
${}^{235}_{92}\mathrm{U}$	92	143	92	0,720%
${}^{238}_{92}\mathrm{U}$	92	146	92	99,274%

A

Natürlicher radioaktiver Zerfall

Atomkerne, die einen Protonen- bzw. Neutronenüberschuss haben, sind *instabil* und *zerfallen* ohne äußeren Einfluß unter Aussendung einer *Strahlung*.

In der Natur vorkommende Elemente mit instabilen Atomkernen heißen *natürliche radioaktive Elemente*.

Der Zerfall ihrer Atomkerne heißt *natürlicher radioaktiver Zerfall*.

Beim natürlichen radioaktiven Zerfall lassen sich zwei Arten unterscheiden:

1. *α-Zerfall:* Zerfall eines Atomkerns unter Aussendung eines sogenannten *α-Teilchens*;

   ein α-Teilchen besteht aus 2 Protonen und 2 Neutronen und ist damit mit dem Atomkern eines Heliumatoms identisch;

   Schreibweise für ein α-Teilchen: $^{4}_{2}He$; α

   Kernreaktionsgleichung: $^{A}_{Z}X \longrightarrow {}^{A-4}_{Z-2}X + \alpha$

   Beispiel: $^{226}_{88}Ra \longrightarrow {}^{222}_{86}Rn + \alpha$

2. *β-Zerfall:* Zerfall eines Atomkerns unter Aussendung eines sogenannten *β-Teilchens*;

   ein β-Teilchen ist ein Elektron, das bei der Umwandlung eines Neutrons in ein Proton entsteht;

   Schreibweise für ein β-Teilchen: e^-; β

   Kernreaktionsgleichung: $^{A}_{Z}X \longrightarrow {}^{A}_{Z+1}X + \beta$

   Beispiel: $^{214}_{82}Pb \longrightarrow {}^{214}_{83}Bi + \beta$

Natürliche radioaktive Strahlung

Die beim natürlichen radioaktiven Zerfall freiwerdende Strahlung heißt *natürliche radioaktive Strahlung.*

Man unterscheidet drei Arten natürlicher radioaktiver Strahlung:

1. *α-Strahlung:* sie setzt sich aus den beim α-Zerfall ausgesandten α-Teilchen (Heliumkernen) zusammen;

   sie ist durch magnetische und elektrische Felder ablenkbar;

   ihre Reichweite in Luft ist kleiner als 10 cm und in fester Materie kleiner als 0,1 mm;

   Abschirmung z. B. durch Papier

2. *β-Strahlung:* sie setzt sich aus den beim β-Zerfall mit großer Geschwindigkeit ausgesandten β-Teilchen (Elektronen) zusammen;

   sie ist durch magnetische und elektrische Felder ablenkbar;

   ihre Reichweite in Luft beträgt bis zu einigen Metern, in fester Materie bis zu einigen Millimetern und in Körpergewebe ein bis zwei Zentimeter;

   Abschirmung z. B. durch Aluminium

3. *γ-Strahlung:* sie ist eine elektromagnetische Welle mit sehr kurzer Wellenlänge und damit Träger hoher Energie;

   sie entsteht nur gemeinsam mit α-Strahlung oder β-Strahlung;

   dabei geht der Kern aus einem angeregten Zustand in energieärmere Zustände über;

   sie ist durch magnetische und elektrische Felder nicht ablenkbar;

   eine Reichweite in Materie kann nicht angegeben werden;

   Abschirmung z. B. durch dicke Bleiplatten

A

Nachweis- und Messgeräte für radioaktive Strahlung:

z. B. Ionisationskammer, Geiger-Müller-Zählrohr, Wilsonsche Nebelkammer, Szintillationszähler

Künstliche Radioaktivität

Vom Menschen künstlich erzeugte Elemente mit instabilen Atomkernen heißen *künstliche radioaktive Elemente*. Beim Zerfall ihrer Atomkerne kann eine dritte Art eines radioaktiven Zerfalls beobachtet werden, der sogenannte

β^+-Zerfall: Zerfall eines Atomkerns unter Aussendung eines sogenannten *β^+-Teilchens*; ein β^+-Teilchen ist ein »positives Elektron«, auch Positron genannt, das bei der Umwandlung eines Protons in ein Neutron entsteht;

Schreibweise für ein β^+-Teilchen: e^+; β^+

Kernreaktionsgleichung: $${}^{A}_{Z}X \longrightarrow {}^{A}_{Z-1}X + \beta^+$$

Beispiel: $${}^{30}_{15}P \longrightarrow {}^{30}_{14}Si + \beta^+$$

Damit lässt sich nun eine vierte Art radioaktiver Strahlung angeben, die sogenannte

β^+-Strahlung: sie setzt sich aus den beim β^+-Zerfall ausgesandten β^+-Teilchen (Positronen) zusammen;

sie ist durch magnetische und elektrische Felder ablenkbar;

ihre Reichweite in Luft beträgt bis zu einigen Metern, in fester Materie bis zu einigen Millimetern und in Körpergewebe ein bis zwei Zentimeter;

Abschirmung z. B. durch Aluminium

Beispiele für die Erzeugung künstlich radioaktiver Nuklide

Durch *Kernbeschuss mit α-Teilchen* entsteht aus dem Nuklid ${}^{27}_{13}Al$ das künstlich radioaktive Nuklid ${}^{30}_{15}P$:

$${}^{27}_{13}Al + {}^{4}_{2}He \longrightarrow {}^{30}_{15}P + {}^{1}_{0}n$$

Durch *Kernbeschuss mit Neutronen (Neutroneneinfang)* entsteht aus dem Nuklid ${}^{59}_{27}Co$ das künstlich radioaktive Nuklid ${}^{60}_{27}Co$:

$${}^{59}_{27}Co + {}^{1}_{0}n \longrightarrow {}^{60}_{27}Co + \gamma$$

A

Halbwertszeit

Unter der *Halbwertszeit* $T_{1/2}$ eines radioaktiven Nuklids versteht man die Zeit, in der die Hälfte der jeweils vorhandenen Nuklide zerfallen ist.

Beispiele für die Halbwertszeiten radioaktiver Nuklide und ihren Zerfall

Element	Nuklid	Halbwertszeit	Zerfall
Chlor	$^{38}_{17}Cl$	37,3 Minuten	β ; γ
Kohlenstoff	$^{14}_{6}C$	5730 Jahre	β
Phosphor	$^{30}_{15}P$	2,55 Minuten	β^+
Radon	$^{222}_{86}Rn$	3,83 Tage	α
Thorium	$^{232}_{90}Th$	$1{,}41 \cdot 10^{10}$ Jahre	α ; γ
Uran	$^{238}_{92}U$	$4{,}5 \cdot 10^9$ Jahre	α ; γ
Zink	$^{65}_{30}Zn$	245 Tage	β^+ ; γ

Aktivität

Unter der *Aktivität A* einer radioaktiven Substanz versteht man die Anzahl der Zerfallsakte in der Zeiteinheit.

Die Aktivität A wird in der Einheit Becquerel (Bq) gemessen:
$[A] = 1\,\text{Bq} = 1\,\text{s}^{-1}$.

Zerfallsgesetz

Beim radioaktiven Zerfall sind von der ursprünglich vorhandenen Anzahl N_0 von Nukliden nach der Zeit t N Nuklide nicht zerfallen.

Es gilt: $$N = N_0 \cdot e^{-k \cdot t}$$

Dabei sind $e \approx 2{,}72$ die Basis des natürlichen Logarithmus und k die sogenannte *Zerfallskonstante*.

A

Kernspaltung

Unter einer *Kernspaltung* versteht man die Zerlegung eines Atomkerns mit hoher Nukleonenzahl in zwei Atomkerne mittlerer Nukleonenzahl, wobei einige schnelle Neutronen und Energie frei werden.

Kernspaltungen können erreicht werden durch Beschießen schwerer Atomkerne mit Neutronen.

Beispiel (Erste Kernspaltung von Otto Hahn und Fritz Straßmann 1938):

$$^{235}_{92}\mathrm{U} + ^{1}_{0}\mathrm{n} \longrightarrow ^{89}_{36}\mathrm{Kr} + ^{144}_{56}\mathrm{Ba} + 3\,^{1}_{0}\mathrm{n} + \text{Energie}$$

langsames Neutron ($^{1}_{0}\mathrm{n}$) – *Spaltprodukte* ($^{89}_{36}\mathrm{Kr}$, $^{144}_{56}\mathrm{Ba}$) – *schnelle Neutronen* ($3\,^{1}_{0}\mathrm{n}$)

Die Spaltprodukte einer Kernspaltung sind hoch radioaktiv und haben teilweise große Halbwertszeiten.

Kettenreaktion

Die bei einer Kernspaltung erzeugten Neutronen können weitere Kernspaltungen hervorrufen. Dabei werden wiederum Neutronen frei, die erneut Kernspaltungen auslösen können usw. Man spricht von einer *Kettenreaktion*.

Unter einer *Kettenreaktion* versteht man eine sich fortsetzende Folge von Kernspaltungen.

Kernfusion

Unter einer *Kernfusion* (*Kernverschmelzung*) versteht man die Verschmelzung zweier leichter Atomkerne zu einem neuen stabilen Atomkern, wobei Nukleonen und Energie frei werden.

Kernfusionen können erzeugt werden in einem sogenannten *Plasma* (ein nach außen neutrales Gemisch aus freien Elektronen und frei beweglichen Ionen) sehr hoher Temperatur ($T = 10^8$ K) beim Stoß der Ionen.

Energiefreisetzungen bei der Kernfusion (W_{Fu}), *der Kernspaltung* (W_{Sp}) *und der Kohleverbrennung* (W_{Ko})

Bei gleicher »Brennstoffmasse« gilt näherungsweise:

$$W_{\mathrm{Fu}} : W_{\mathrm{Sp}} : W_{\mathrm{Ko}} = 10^7 : 10^6 : 1$$

Messung der Strahlenbelastung

Durch die ionisierende Wirkung radioaktiver Strahlungen können in unserem Körper Strahlenschäden auftreten. Deshalb ist es erforderlich, die *Strahlenbelastung*, der wir ausgesetzt sind, zu messen.

Die abgeleitete Größe **Energiedosis**

Die *Energiedosis* gibt die von der Masseneinheit eines Gewebeteils absorbierte Energie einer ionisierenden Strahlung an.

Größensymbol: D

Definitionsgleichung: $D = \frac{W}{m}$

Dabei ist W die Energie, die von der ionisierenden Strahlung auf das Gewebeteil der Masse m übertragen wird.

Einheit: 1 Gray; $[D] = 1\,\text{Gy} = 1\,\frac{\text{J}}{\text{kg}}$

Messung: Dosimeter

Die abgeleitete Größe **Äquivalentdosis**

Die *Äquivalentdosis* ist ein Maß für die biologische Wirkung verschiedener ionisierender Strahlungen in demselben Gewebe.

Größensymbol: H

Definitionsgleichung: $H = \text{q} \cdot D$

Dabei sind D die Energiedosis und q der von der Art und der Energie der Strahlung abhängige *Qualitätsfaktor*.
Beispiele für q-Werte:

$\text{q} = 1$	für β-Strahlung, γ-Strahlung, Röntgenstrahlung und ultraviolette Strahlung
$2 \leqq \text{q} \leqq 10$	für Neutronenstrahlung und Protonenstrahlung
$\text{q} = 20$	für α-Strahlung

Einheit: 1 Sievert; $[H] = 1\,\text{Sv} = 1\,\frac{\text{J}}{\text{kg}}$

Ausgewählte Schaltzeichen der Elektrizitätslehre

Dioden **Schaltzeichen**

Röhrendiode (Zweielektrodenröhre)

Halbleiterdiode

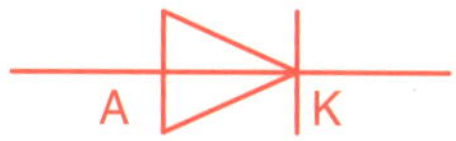

Leuchtdiode

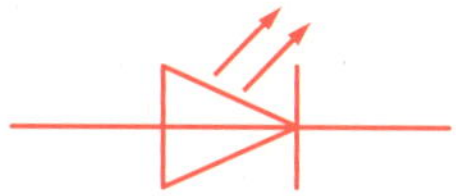

Erde **Schaltzeichen**

Erde allgemein

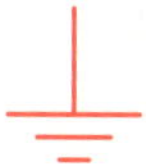

Lampen **Schaltzeichen**

Glühlampe

Glimmlampe

Lautsprecher **Schaltzeichen**

Lautsprecher allgemein

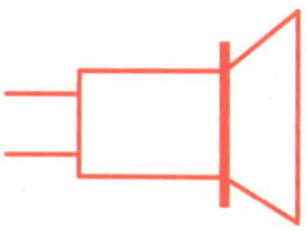

Messgeräte **Schaltzeichen**

Amperemeter

Voltmeter

Ausgewählte Schaltzeichen der Elektrizitätslehre

Mikrofon

Schaltzeichen

Kohlemikrofon

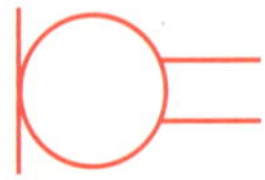

Dynamisches Mikrofon

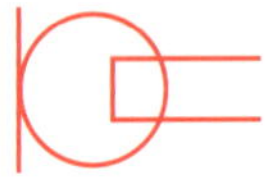

Relais

Schaltzeichen

Relais allgemein

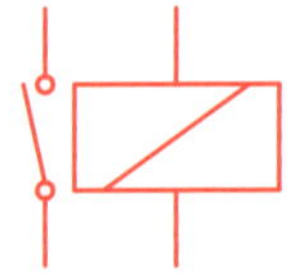

Schalter

Schaltzeichen

Schalter allgemein (offen)

Schalter allgemein (geschlossen)

Spannungsquellen

Schaltzeichen

Akku, Batterie

Gleichspannungsquelle

Wechselspannungsquelle

Spannungsquelle mit veränderbarer Spannung

Spulen

Schaltzeichen

Spule allgemein

Spule mit Kern

Ausgewählte Schaltzeichen der Elektrizitätslehre

Transformator — **Schaltzeichen**

Transformator mit Eisenkern

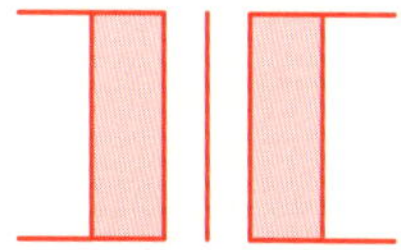

Transistoren — **Schaltzeichen**

npn-Transistor

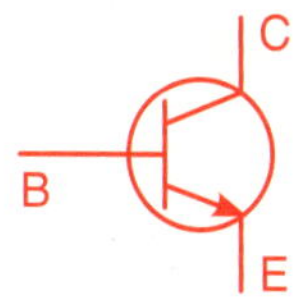

pnp-Transistor

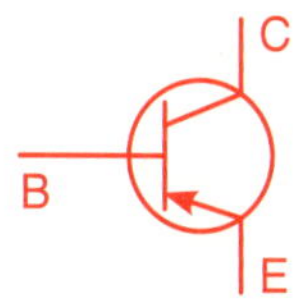

Widerstände — **Schaltzeichen**

Widerstand allgemein

Schiebewiderstand

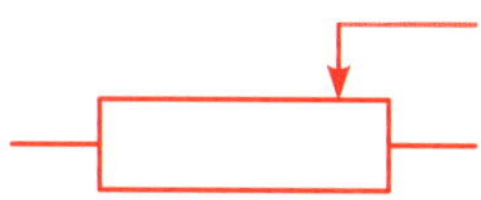

Veränderbarer Widerstand

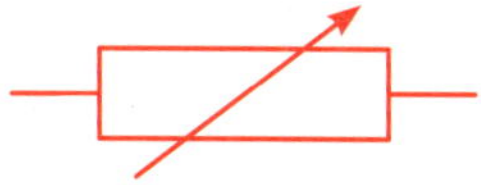

NTC - Widerstand

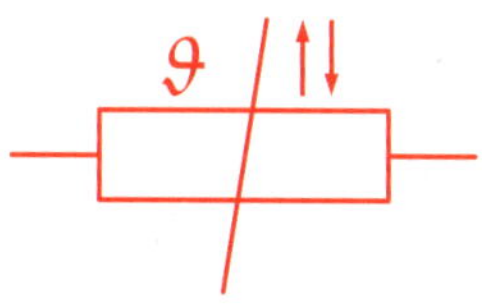

PTC - Widerstand

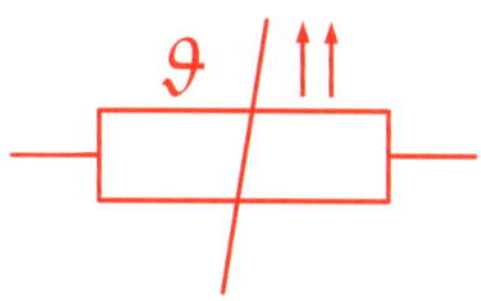

LDR - Widerstand

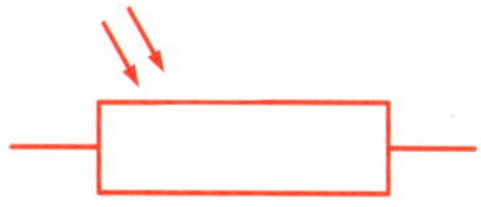

Ausgewählte Konstanten / Hör- und Sichtbereiche

Normfallbeschleunigung	$g_n = 9{,}80665\,\mathrm{ms}^{-2}$
Absoluter Nullpunkt	$\vartheta = -273{,}15\,°\mathrm{C}$
Tripelpunkt des Wassers	$T = 273{,}16\,\mathrm{K}$
Molvolumen idealer Gase	$V_{m.0} = 22{,}41383\,\mathrm{dm}^3 \cdot \mathrm{mol}^{-1}$
Allgemeine Gaskonstante	$R = 8{,}31441\,\mathrm{JK}^{-1}\,\mathrm{mol}^{-1}$
Avogadrosche Konstante	$N_A = 6{,}0220453 \cdot 10 23\,\mathrm{mol}^{-1}$
Boltzmann-Konstante	$k = 1{,}38062 \cdot 10^{-23}\,\mathrm{JK}^{-1}$
Faradaysche Konstante	$F = 9{,}648544 \cdot 10^4\,\mathrm{C\,mol}^{-1}$
Geschwindigkeit elektromagnetischer Wellen (von Licht) im Vakuum	$c = 2{,}99792458 \cdot 10^6\,\mathrm{ms}^{-1}$
Stefan-Boltzmann-Konstante	$\sigma = 5{,}67032 \cdot 10^{-8}\,\mathrm{Wm}^{-2}\,\mathrm{K}^{-4}$
Plancksches Wirkungsquantum	$h = 6{,}626176 \cdot 10^{-34}\,\mathrm{Js} = 4{,}1357 \cdot 10^{-15}\,\mathrm{eVs}$
Elementarladung	$e = 1{,}6021892 \cdot 10^{-19}\,\mathrm{C}$
Ruhemasse des Elektrons	$m_e = 9{,}109534 \cdot 10^{-31}\,\mathrm{kg} = 0{,}511\,\mathrm{MeV} \cdot c^{-2}$
Spez. Ladung des Elektrons	$e/m_e = 1{,}759 \cdot 10^{11}\,\mathrm{C\,kg}^{-1}$
Ruhemasse des Protons	$m_p = 1{,}6726485 \cdot 10^{-27}\,\mathrm{kg}$
Protonen-/Elektronenmasse	$m_p / m_e = 1836{,}1$
Ruhemasse des Neutrons	$m_n = 1{,}6749543 \cdot 10^{-27}\,\mathrm{kg}$
Für das menschliche Ohr hörbare Schallwellen (Hörbereich) Untere Hörgrenze: Obere Hörgrenze:	 $f = 16\,\mathrm{Hz}$ $f = 2 \cdot 10^4\,\mathrm{Hz}$
Für das menschliche Auge sichtbare elektromagnetische Wellen (Sichtbares Licht) Untere Sichtgrenze: Obere Sichtgrenze:	 $f = 3{,}9 \cdot 10^{14}\,\mathrm{Hz}$ $f = 7{,}7 \cdot 10^{14}\,\mathrm{Hz}$

Beispiele für Lautstärken

Untere Hörschwelle	0 phon	Lauter Straßenlärm	70 phon
Taschenuhrticken	10 phon	Schreien	80 phon
Blätterrauschen	20 phon	Motorradlärm	90 phon
Flüstersprache	30 phon	Laute Autohupe	100 phon
Gedämpfte Unterhaltung	40 phon	Niethammer	110 phon
Unterhaltungssprache	50 phon	Flugzeugmotor	120 phon
Lautsprechermusik	60 phon	Schmerzschwelle	130 phon

Für den Menschen schädliche Lautstärken:

Kurzzeitige Belastung: 90 phon Dauernde Belastung: 75 phon

Beispiele für Schalleistungen von Schallquellen

Menschliche Stimme	bis 0,002 W	Orgel	bis 10 W
Geige (fortissimo)	0,001 W	Großlautsprecher	bis 100 W
Flügel (fortissimo)	0,2 W	Großsirene	bis 50 kW

Beispiele für Schallgeschwindigkeiten

Feste Körper (20 °C)

Mauerwerk	3500 m/s	Holz (Eiche)	4000 m/s
Kupfer	3700 m/s	Eisen	5170 m/s

Flüssige Körper (20 °C)

Alkohol	1180 m/s	Quecksilber	1460 m/s
Benzol	1330 m/s	Wasser	1480 m/s

Gasförmige Körper (0 °C ; 1013 hPa)

Sauerstoff	316 m/s	Stickstoff	334 m/s
Luft	331 m/s	Wasserstoff	1284 m/s

Periodensystem der Elemente

Hauptgruppenelemente

Periode	Gruppe I	II	III	IV	V	VI	VII	VIII
1	1,0079 H 1							4,0026 He 2
2	6,941 Li 3	9,0122 Be 4	10,811 B 5	12,011 C 6	14,0067 N 7	15,9994 O 8	18,9984 F 9	20,179 Ne 10
3	22,9898 Na 11	24,305 Mg 12	26,9815 Al 13	28,086 Si 14	30,9738 P 15	32,064 S 16	35,453 Cl 17	39,948 Ar 18
4	39,102 K 19	40,08 Ca 20	68,72 Ga 31	72,59 Ge 32	74,916 As 33	78,96 Se 34	79,909 Br 35	83,80 Kr 36
5	85,47 Rb 37	87,62 Sr 38	114,82 In 49	118,69 Sn 50	121,75 Sb 51	127,60 Te 52	126,9044 I 53	131,30 Xe 54
6	132,905 Cs 55	137,34 Ba 56	204,37 Tl 81	207,19 Pb 82	208,980 Bi 83	209 Po 84	210 At 85	222 Rn 86
7	223 Fr 87	226 Ra 88						

Metalle | Halbmetalle | Nichtmetalle

Nebengruppenelemente

Periode	Gruppe III	IV	V	VI	VII	VIII a	VIII b	VIII c	I	II
4	44,956 Sc 21	47,90 Ti 22	50,942 V 23	51,996 Cr 24	54,938 Mn 25	55,847 Fe 26	58,9332 Co 27	58,71 Ni 28	63,54 Cu 29	65,37 Zn 30
5	88,905 Y 39	91,22 Zr 40	92,906 Nb 41	95,94 Mo 42	99 Tc 43	101,07 Ru 44	102,905 Rh 45	106,4 Pd 46	107,870 Ag 47	112,4013 Cd 48
6	138,91 La 57	178,49 Hf 72	180,948 Ta 73	183,85 W 74	186,2 Re 75	190,2 Os 76	192,2 Ir 77	195,09 Pt 78	196,967 Au 79	200,59 Hg 80
7	227 Ac 89	261,1 Rf 104	262,1 Ha 105	263,1 106	262,1 Ns 107	265 Hs 108	266 Mt 109			

Lanthanoide

140,12 Ce 58	140,907 Pr 59	144,24 Nd 60	145 Pm 61	150,35 Sm 62	151,96 Eu 63	157,25 Gd 64	158,924 Tb 65	162,50 Dy 66	164,930 Ho 67	167,26 Er 68	168,934 Tm 69	173,04 Yb 70	174,97 Lu 71

Actinoide

232,038 Th 90	231 Pa 91	238,03 U 92	237 Np 93	244 Pu 94	243 Am 95	247 Cm 96	247 Bk 97	251 Cf 98	254 Es 99	257 Fm 100	256 Md 101	259 No 102	262 Lr 103

α	β	γ	δ
Alpha	Beta	Gamma	Delta
ε	ζ	η	ϑ
Epsilon	Zeta	Eta	Theta
ι	κ	λ	μ
Jota	Kappa	Lambda	My
ν	ξ	ο	π
Ny	Xi	Omikron	Pi
ϱ	σ	τ	υ
Rho	Sigma	Tau	Ypsilon
φ	χ	ψ	ω
Phi	Chi	Psi	Omega

Sachregister

Sachregister

Das Papier ist aus chlorfrei gebleichtem Zellstoff hergestellt, ist säurefrei und recyclingfähig.

2., die Rechtschreibreform berücksichtigende Auflage 1996
unveränderter Nachdruck 00 99 98 97 96
Die letzte Zahl bezeichnet das Jahr des Drucks.

Herstellung: Johannes Schmidt-Thomé
Umschlagkonzeption: Mendell & Oberer, München
Satz & Graphik: Ulrich Dirr, München
Druck- und Bindearbeiten: R. Oldenbourg, Graphische Betriebe GmbH, München

Oldenbourg ISBN 3-486-**87093**-9
Schroedel ISBN 3-507-**73020**-0